图书在版编目（CIP）数据

时尚视觉盛宴：时装插画 /（俄罗斯）阿莲娜·拉辅多夫斯加亚编；张晨译. — 沈阳：辽宁科学技术出版社，2016.10（2017.10 重印）

ISBN 978-7-5381-9847-8

Ⅰ. ①时… Ⅱ. ①阿… ②张… Ⅲ. ①服装—绘画技法 Ⅳ. ①TS941.28

中国版本图书馆 CIP 数据核字（2016）第 142140 号

出版发行：辽宁科学技术出版社
（地址：沈阳市和平区十一纬路 25 号 邮编：110003）
印 刷 者：上海利丰雅高印刷有限公司
经 销 者：各地新华书店
幅面尺寸：170mm×240mm
印　　张：16
插　　页：4
字　　数：300 千字
出版时间：2016 年 10 月第 1 版
印刷时间：2017 年 10 月第 2 次印刷
责任编辑：杜丙旭 王丽颖
封面设计：关木子
版式设计：关木子
责任校对：周 文

书　　号：ISBN 978-7-5381-9847-8
定　　价：98.00 元

联系电话：024-23284360
邮购热线：024-23284502
E-mail: wly45@126.com
http://www.lnkj.com.cn

FASHION ILLUSTRATION

daily look inspiration

时尚视觉盛宴

——时装插画

（俄）阿莲娜·拉辅多夫斯加亚 编　张晨 译

辽宁科学技术出版社
·沈阳·

CONTENT 目录

PREFACE 前言

让人称幸的是时尚插画近几年在国际时尚舞台上有了真正的崛起。包括普拉达、古驰、华伦天奴、路易威登、麦昆和兰蔻在内的国际大牌与全球艺术家进行了规模宏大的合作，以新颖的方式捕捉并呈现各自的新设计。《VOGUE服饰与美容》、《时尚芭莎》、《Numero》、《V》、《We are》和《Interview》等众多时尚杂志开始将插画作为常规内容使用。网络资源，特别是instagram为时尚领域带来了新的气息，也为时尚插画的成功回归提供了有力支持。

手绘、动画、写实、风格化、美丽、丑陋、优雅——眼下，时尚插画无处不在，自然也获得了很多关注。每天都有新名字和艺术家被人们知悉，插画的质量日益精致，吸引到客户的目光。许多顾客不再将插画视为美丽的图画，而是更为关注艺术家的想象世界。即便是摄影师都开始与插画师合作，以便探寻欣赏时尚的全新方式。时装插画为时尚行业带来了新气息。

对时尚插画师来说，持续关注全球时尚界的最新动态十分重要。每天查看style.com等主流门户网站，fashiongonerogue.com，trendland.net等博客，以及其他资讯平台有助于获得最新潮流的照片素材、基本主题及相关知识。这些资源也是获得灵感的美丽源泉。在instagram上追随精彩博主，获知最新的内部资讯，了解近期的项目与合作。研究大师的作品，着手收集自己的插画图库。我喜欢手捧旧时巨匠的书，静静地欣赏学习——我有许多称得上罕见的书籍，里面有雷内·格鲁瓦，安东尼奥·洛佩兹，托尼·威拉蒙兹，埃尔泰，J.C.莱恩德克，肯尼斯·波尔·布莱克等大师的插画作品。也不要错过跳蚤市场的旧插画杂志。打开眼界，美无处不在，你需要的是发现美的眼睛。

在时装秀现场或后台绘制插画时，我会首先四处看看，感受气氛，试着让模特摆几分钟的造型，获得更多的细节。我会尽可能地快速绘制插画，解放双手，有时甚至不看工作单。对我而言，这才是现场创作插画的主要目的——在绘画中呈现出一种动感。我会根据照片完成最后的绘制工作，但现场的速写体验让我更好地完成最终的绘制，安排画面的重点。

参照真实模特完成宣传形象和期刊插画较为理想，也利于形成完整的概念、造型、化妆和发型。我已经度过了“从头画起”或按照片绘图的阶段。插画师的工作与摄影师相同。一定要重视团队合作，引导整个“绘图过程”。不是每个模特都能在一个造型上坚持很长时间，所以不妨拍下照片，供绘制插画使用。它们只需为插画师本人服务，体现插画的特定目标即可。我在绘制过程中完成大量速写，但也会照大量照片，供完成最终画面时做参考。

目前我最喜欢的插画工具有铅笔、马克笔和墨水笔。我会根据插画的不同目的选择不同的工具。通常我会先画脸部、身体的基本轮廓，然后添加身体底色、服饰色彩。最后是背景。我喜欢快速绘制，在画面中留出轻微的未完成感。这会使插画充满活力，也为观者留出想象的空间。

我一直对时尚插画怀有深深的热情，能够成为全职时尚插画师也让我感到十分开心。从广告到刊物、再到秀场创作，甚至艺术项目——都是有恒心，有勇气的插画师将会涉及的工作领域。美妙的图片背后，永远意味着高强度的日常工作，许多挑战、调研和工作中的跌宕起伏。想要成为时尚插画师必须有着开阔的眼界，从方方面面搜索美的存在。这本书收录了200多个精彩的服装插画作品，从服饰到配饰不一而足。它不仅适用于专业的插画师，也适用于对自身形象有着美好追求的爱美人士，他们可以从书中汲取搭配的经验，来点亮平时的日常装扮，打造属于自己的着装风格。

你一旦爱上时尚，它将终生与你为伴。

—— 阿莲娜·拉辅多夫斯加亚

阿莲娜·拉辅多夫斯加亚 *(Alena Lavdovskaya)，俄罗斯著名插画师，*
曾与《时尚芭莎》、《Glamour 魅力》、《世界时装之苑》、《家居廊》、
《SNC 杂志》、《In Style 杂志》、vogue.ru 网站等众多时尚杂志和平台合作。
客户名单中不乏兰蔻、周仰杰、莫斯科中央百货商店等知名品牌。
阿莲娜于 2003 年开始从事时尚行业，目前她专注于店面插画的创作。
她还是一位讲师，在莫斯科和伦敦开设了自己的讲习班。
她是将插画视为毕生事业，根据模特现场创作的插画师之一。

第一章

时装插画是什么

一、时装插画

时装插画最初为时装设计服务，由时装画衍生而来。时装画是指设计师把自己的创意构思通过人物造型、服装的款式、色彩、面料质地等以可视的形式表现出来。在时装设计过程中，时装画有时装草图、时装效果图、时装设计图、时装插画几个阶段性的表现形式。

·设计师的灵感创意总是飘浮不定，转瞬即逝的。时装草图侧重于对设计师灵感创意的瞬间捕捉和快速表现，力图快捷、迅速的记录下设计师的想法，是记录设计灵感和设计元素的最佳方法。如图 1.1.1

1.1.1

图 1.1.1: 卡捷琳娜·姆利西娜作品。设计师以简洁干练的笔触，迅速的勾勒模特形态与服装款式。在服装的阴影部分概括涂色，确定服装的色调。

·时装效果图是设计师通过色彩、造型等平面手段将灵感描绘跃然于纸上的着装图，要求准确、清晰地体现出设计师的设计意识和时装的风格、魅力与特征。既要表现出时装的精髓与生命力，又不能忽视时装的主要外形和结构。如图 1.1.2

1.1.2

图 1.1.2: 梅利克·斯特里特作品。在这幅作品中，模特动势准确，服装结构鲜明。时装设定围绕“龙虾”主题采用黑色、红色这样的经典色彩，结合或优雅或活泼的造型来凸显不同年龄层次、不同身份女性的特征。

·时装设计图应用于生产环节，需要将服装款式结构尺寸、面料的选择、采用何种工艺、搭配的装饰配件等细节以及制作流程等进行细化处理，形成直观、具有可操作性的示意图。必要时可以采用文字进行辅助说明并附上面料的样例。时装设计图的作用主要是为了向制版师传达设计意图，让其根据设计图来打版和制作衣服，所以要求画得准确、详细。如图 1.1.3

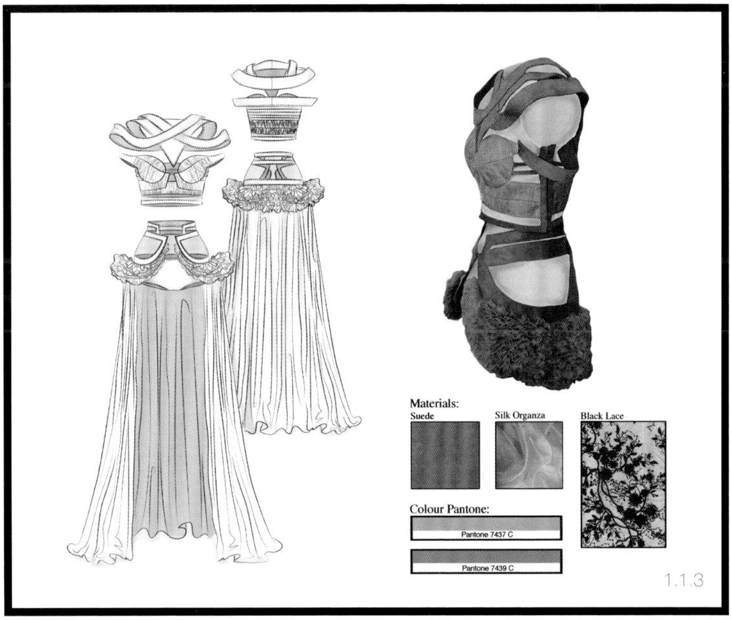

图 1.1.3：拉埃尔·格瑞格桑作品

·时装插画诞生的最初，更侧重于起到宣传的作用，多用于广告海报、宣传画册上，起到预示流行趋势，指导消费的作用。相较于摄影这种纯粹写实的艺术形式，时装插画是一种介于服装设计与插画艺术之间的另一种对流行时装的即兴描绘。时装插画注重绘画技巧和视觉冲击力，画面效果更接近于绘画艺术，具有很强的艺术性和鲜明的个性特征。它强调款式特点、色彩效果，对整个画面作气氛渲染，构图的方式也形式多样、大胆夸张。如图 1.1.4

1.1.4

图 1.1.4：克里斯蒂娜·阿隆索作品。这幅作品很好的糅合了时装画和绘画的表现形式，素色背景中的景物非常契合的诠释了服装的樱花主题。

二、时装插画的独特地位

1672 年，最早的时尚类刊物《Le Mercure Galant》将当时法国女人时髦穿着通过时装插画的形式展现给整个欧洲的时尚人士，人们开始了解、知道这种生动、具有张力的时装表现形式。时装插画相较于其他几种表现形式，能够更清晰的表现设计师的主观意识，而且表现设计师个性的自由度很高。无论是写实还是夸张，梦幻还是趣味，具象还是抽象，设计师的情绪能够在服装插画中表现得淋漓尽致。

时光飞速发展到今天，时装插画已经不仅仅是时装画的一个部分，它的触角已经延伸到艺术展示、装饰设计、产品设计、橱窗店面设计等诸多领域。俨然已经成为一门综合性跨界艺术形式。如图 1.2.1—图 1.2.4

1.2.1

1.2.2

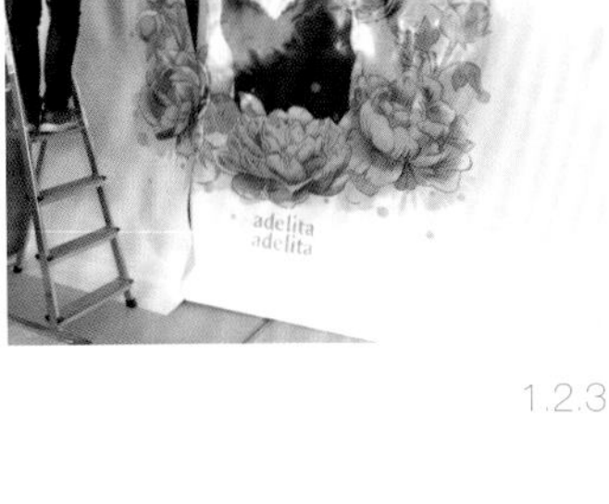

1.2.3

1.2.4

图 1.2.1——图 1.2.4: 克里斯蒂娜·阿隆索作品。时装插画应用于杂志封面、包装设计、装潢设计和产品设计。

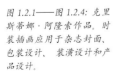

第二章

时装插画之形——如何绘制时装模特

轮廓

首先选择合适的照片为素材，从快速的轮廓素描开始。尽量为画面主体选择一个正确的位置，用 2H 铅笔开始绘画，方便在需要时做出调整。比起大幅的画作，小幅插画更易于掌控。A4 纸是很好的选择。完成了满意的草图之后，就可以着手刻画插画的细节。如图 2.1

2.1

头部

从头部开始画起，先画一条垂直线将脸部一分为二，然后画两条水平线，一条画在眼睛的位置，一条画在鼻底的位置。具体情况依照模特的特点而定。这是整个脸部的基本框架。随后简略地画出眼睛、鼻子和嘴，增加一些细节和阴影。如图 2.2—图 2.4

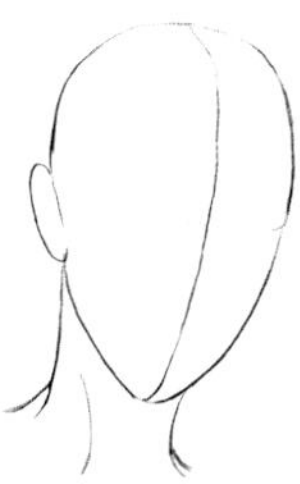

2.2

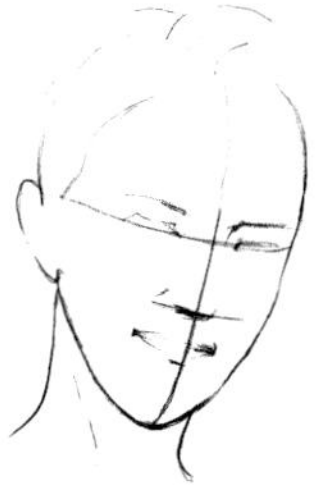

2.3

2.4

头发

画头发的部分有时充满挑战，有时难以达到期望的样子，但总是趣味无限。沿着头部轮廓画出线条，粗细随明暗关系而变化。阿方斯·慕夏①是一位值得借鉴学习的艺术家，插画师绘制头发的方法在一定程度上受到他的影响。如图 2.5，图 2.6

2.5

2.6

①*阿方斯·慕夏，捷克斯洛伐克籍画家和装饰品艺术家，新艺术运动大师。他用感性化的装饰性线条、简洁的轮廓线和明快的水彩效果创造了被称为“慕夏风格”的人物形象。*

身体

如果最初的轮廓草图绘制合理，画好模特的身体就不是一件难事。用简单的线条绘制手臂和腿，不需要用到太多的阴影。透明的画法很有意思。将一条腿画在另一条腿上，让观众有一丝丝困惑，看到的究竟是哪条腿。如果绘制的是正视的模特，情况就更复杂一些。但无论是何种情况，都不需要在身体上添加过多的阴影。弱化阴影可以将视线吸引到服装上来，也让整个画面看起来更加轻盈。如图 2.7，图 2.8

服装

随后绘制身体和服装。不需要太过表现衣服上的阴影，因为绘制阴影的技术性很强，又并不一定有发挥创造力的空间，这是一项缺乏乐趣的工作。绘画是发挥创造力的形式，画出深印于脑海中的装扮以及发型，需要尽可能多的耐心，仔细观察面料的褶皱，想象它们在模特身上呈现出的动感。如图 2.9

2.7

2.8

2.9

鞋

大部分女孩喜欢购买漂亮的鞋子，和买鞋子相比，插画师更喜欢画漂亮的鞋子。但这也不算是她最喜欢画的部分。她对人更感兴趣，更喜欢画脸、表情、妆容和发型……以及这些元素传递的个人信息。在透视图中，脚往往看起来很奇怪，对于艺术学生来说，手和脚都是不容易完成的部分。鞋子是画面的一部分，而不只是配饰，这让她十分喜欢。她会将鞋作为绘画中的一项重要元素，而把它画得清晰、易于辨别。有时，精心绘制的精美的鞋子能够很好的增加画面的深度。如图 2.10，2.11

2.10

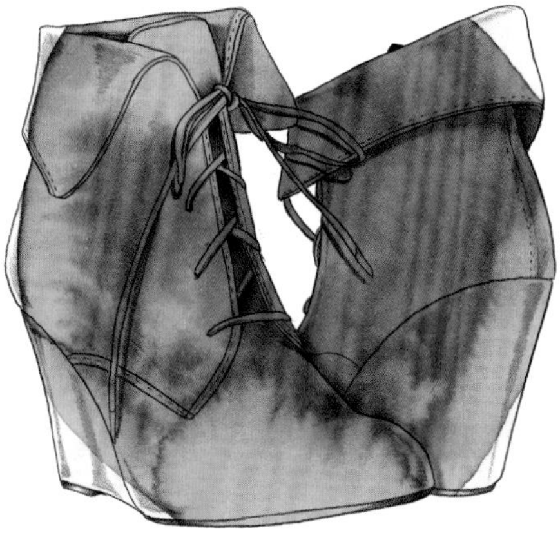

2.11

阴影和色彩

如果对插画的轮廓完全满意，就从整体出发，调整画面中的阴影和明暗关系，呈现更协调的画面。然后使用丙烯颜料填色。最后在电脑上将所有元素综合在一起，成果很大程度上取决于插画师脑海中构想的画面以及最适宜的技法。如图 2.12

——卡罗尔·维勒麦[3]

2.12

*②**卡罗尔·维勒麦**于 2010 年开始从事自由插画师工作。日常生活和普通人是卡罗尔创作插画的灵感来源。她试图在作品中用一点点色彩捕捉到二十一世纪的生活习惯。*

时尚与自然也对卡罗尔的作品产生了深厚的影响。乡村生活中的树木、鲜花和田野都是插画创作和图案构思的灵感来源。简约明快中略带甜美温馨的设计风格使她有机会与时尚界的许多品牌如阿玛尼、迪赛、兰姿等以及杂志合作。

2014 年起，卡罗尔开始经营自己的家居装饰品牌：Wilde Things。如今她仍居住在比利时境内靠近卢森堡和法国边界的区域。

第三章

时装插画之神

创作真正独树一帜的时装插画需要时间和技巧。对一些人来说，好作品可以信手拈来，但这只能建立在多年练习的基础之上，此外插画师还必须了解优秀插画的精髓所在。那么这精髓体现在哪呢？理论上可能看起来非常简单，但其实是非常复杂的知识——涉及构图、动态、姿势、气氛营造的技巧，当然也包括运用插画师钟爱的材料和工具。

如何建立良好的插画构图？这取决于创作插画的目的。绘制秀场的现场全身像时，插画师根据照片作画，或直接在秀场的现场作画。这种情况下需要插画师注意力高度集中，捕捉服装的动态，正确刻画出模特的体态，让人物形象跃然纸上。如图 3.1，图 3.2

3.1

3.2

图 3.1 是秀场照片，图 3.2 是插画师根据照片将模特生动的呈现于纸上。不论是衣服柔软的质感，还是飘扬的裙裾，亦或是模特的神情、姿态全都栩栩如生。

接下来，判断造型中的核心部分，将其精准地呈现出来，其余的部分则轻轻带过，保留一点“未完成”的感觉。为观众留出想象空间可以让画面显得更加生动。方法非常简单：在轮廓中保留局部空白，快速移动画笔，笔锋呈现动感。也可以增加一些彩色线条、阴影或背景以加强这种视觉效果。如图 3.3

在图 3.3 中，插画师将主体模特清晰的表现出来，背景以简略的笔触轻轻带过，既突出了主体，又使画面更加生动、具有空间感。

3.3

绘制过程中牢记模特的身体姿态非常重要，因为只有这样才能呈现自然的动态。半身像和特写图中，插画师可以采用灵活的构图形式。画面可以集中在中心，也可以相对简单。这种情况下，画中模特应该与观者有直接的眼神交流。画面中呈现身体局部以及服装呈现远离画面的状态时，也可以采用更加动感有活力的插画构图。这类插画比较难画，建议与专业模特合作，采用真实造型，捕捉真实的动态感。如图 3.4，图 3.5

3.4

3.5

图 3.4 是一幅特写，插画师将模特微微仰起头的动态和秀发摆动的动感表现得很到位。在头发和服装上的留白是对“未完成”感的诠释。

图 3.5 是一幅半身像，画面构图居中，姿态相对简单。精彩之处在于很好的表现了服装的毛绒质感和体积感。

营造插画中的场景和气氛是下一阶段的工作内容。在时装秀场的后台或前排绘制插画可以获得真实的空间感，感知现场的共鸣。插画师可以在作品中添加简单的背景轮廓线和少许室内以及布景。这会使画面更加生动而有感染力。在工作室中直接参照模特绘制插画时，插画师可以自行创作布景，后期以照片为依据再做细节处理。如图 3.6

图 3.6: 纵深的 T 台，台前的观众，模特穿着漂亮的衣服，踩着优雅的步伐，插画师将走秀现场的氛围生动再现于纸上，令人有身临其境的现场感。

3.6

最后完成构图中缺失的部分——背景。如果绘制的是秀场报道，画出第一排观众或布景会使画面惊艳。这里的技巧是快速、简略，避免描绘过多细节，这样背景就不会与画面中的人物形象冲突。还可以采用单一、大胆颜色的背景，模特身后一侧色块面积较大，另一侧贯穿几笔线条。这样可以增加体积感，完成整个画面的构图工作。如图 3.7

3.7

在图 3.7 中，主体模特位于画面左侧，留出足够的空间用于表现纵深背景。与主体模特相比，前排观众和背景以相对简单的笔触简单带过，使得主体突出，空间感强。

想要创作出优秀的时装插画，插画师需要寻找到适合自己的材料并学会运用它。尝试使用新工具十分重要，一旦找到适合自己的得心应手的工具，就可以停止寻找，通过练习使这种或几种工具成为自己手臂的延伸一般，挥洒自如。

独特的个人风格需要投入大量的研究，付出艰辛的努力以及不断的练习。然而一旦找到自己独特的个人风格后，插画工作会变得简单很多，精彩的职业生涯也就此开启。

下面是可以提升绘画技巧的几条建议。

• 以素描形式绘制出最终画面的姿态和轮廓十分有益。可以用密实的画笔蘸取肤色颜料，作为模特的身体基本色。然后用加深 1-2 度的米色描绘出“阴影”，增强画面的立体效果。
• 画中模特的身体和脸部完成后，就是服装的绘制。此技巧也适用于配色大胆的造型——用一把大画笔绘出服装的大致形状，然后用深一些的颜色画出阴影。
• 配色时建议混合原色的反射色，而不是增加黑色。混合黑色颜料可能会让整个画面变得污浊。
• 印花服装的绘制更须注意技巧：插画应体现通透感，无须写实地记录。
• “未完成感”——插画中无须完成所有细节，以便给观者留出一定的想象空间。

——阿莲娜·拉辅多夫斯加亚

第四章

时装插画之美

一、色彩之美

色彩是时装插画表现活力的重要元素，它直观地表达了插画师的想法，使画面充满勃勃生机和丰富的情感，因此深入研究色彩在服装插画设计中的应用和技巧是非常必要的。作为绘画艺术的基础学科，色彩在时装插画中同样能够起到表现情绪的作用。例如清新亮丽的森林绿能为服装带来欢快清新之感，而明亮的色调则能为服装带来梦幻时尚的气息。橘黄色的毛呢大衣在寒冷的冬日会令人觉得备加温暖。而蓝白相间的飘逸裙装，能够让人不由自主联想到海边的一丝凉风。如图 4.1.1

4.1.1

图 4.1.1: 达维德·莫尔特尼作品。达维德·莫尔特尼经常从着装时尚的街拍中获得创作灵感。他的画风清新而写实。在这幅作品中，模特身着暖黄色大衣，服装的色彩和质感表现都非常到位，令人觉得既保暖又时尚。

以上介绍的是一种颜色所表现出的感情色彩，我们在日常生活的着装中，通常不会只出现一种色彩。多种色彩的不同搭配组合方式，会呈现出不同的视觉效果。比较常见的有以下几种色彩组合方式。

·同色系搭配。是指将色相性质相同，但色度有深浅之分的服装色彩组合在一起。比如粉红与玫红，朱红与大红，它们都处于同一色系之中，只不过颜色深浅不同，这种色彩搭配会产生稳重、端庄的视觉效果，比较适用于成熟的优雅女性。同色系搭配法的要点是要体现出层次的渐变，不能太过复杂，也不能太过单调，除了服装，配饰、妆容也是整体中的一个层次，通常能起到画龙点睛的作用，不可忽略。如图 4.1.2

4.1.2

图 4.1.2：玛戈特·范·胡伊克罗姆作品。模特的上装是朱红色的纱料，下装是大红色的绸缎，质感上有轻有重，轻重分明。色彩方面都控制在同一色系之中，但又体现出差别，差别之外又显得协调统一。

·主色调搭配。这种时装配色组合可采用各种对比色，例如红色与绿色，蓝色与橙色，紫色与黄色，这样对比强烈的颜色组合在一起，会产生较强的视觉冲击，给人以活力、热烈的感觉。比较适合年轻、活泼的女性。值得注意的是对比色的运用应该有主次之分，在面积上，由一种色彩占据主要的支配地位。另外的色彩居于次要地位，整体才会显得协调。如图 4.1.3

·类似色搭配。在色轮上 90 度角内相邻接的色统称为类似色，例如红－红橙－橙、黄－黄绿－绿、青－青紫－紫等均为类似色．它们不会互相冲突，而且搭配组合方式丰富多样，可以营造出协调、统一的氛围。这种配色方法对任何年龄段都适用，且没有性别差异。如图 4.1.4

图 4.1.3：萨曼莎·哈恩作品。模特着装主要色彩是黄色和紫色，是一组对比比较强烈的对比色。但是两种色块的面积有大小主次之分，会让人眼前一亮，但是却不会产生突兀、不和谐的感觉。

图 4.1.4：大谷夏树作品。这幅作品中模特的服装就采用了类似色的配色方法。模特的裤子到衬衫由青到紫渐变，使上装和下装非常协调舒适，大红色的外套又使得整个人明亮而出挑。

4.1.3

4.1.4

·黑白配。黑白灰为无色系，所以它们与其他任何颜色搭配都不会有太大问题，即是我们常说的百搭色。黑白配永远不会过时，会让人看起来有干练、知性，值得信赖的感觉，非常适合职场人士。而奥黛丽·赫本的黑裙装扮，是多少代人奉为永恒的经典，是优雅女神的代表。黑白色与其他颜色搭配组合也是有原则的，暗沉的颜色可以用白色来提亮整体着装色调，明亮的颜色可以用黑色来凸显衬托，所以，把握住服装想要突出的重点，分清主次，再以或黑或白陪衬就可以让整体着装达到色彩上的协调。如图 4.1.5

4.1.5

图 4.1.5：黄冠益作品。他的大部分服装插画作品都是采用经典的黑白配色，营造出模特干练优雅的气质。模特的妆容表现非常到位，不会令人觉得有苍白的感觉。

色彩除了应用于服装之上，有一些插画师也很喜欢用色彩来渲染服装插画的环境氛围。例如鲜艳亮丽的色彩可以用于梦幻风格的服装插画，神秘深沉的色彩可以用于诡异风格的服装插画，明亮华贵的色彩可以用于奢华风格的服装插画等。将这种种色彩用于衬托服装插画主体后的背景渲染，对想要表现的氛围烘托，可以起到事半功倍的效果。如图 4.1.6

4.1.6

图 4.1.6：莎拉·薇拉·莱察罗作品。随意洒脱的衬衫搭配黑色百搭小脚裤，墨镜、包包、整洁的鞋子都是可以体现个性的时尚单品，简单而又舒适随性的春季装扮轻松搞定。插画师用细腻、生动的笔法描绘出模特的着装，用写意、渐变的明亮绿色作为背景烘托春日氛围，达到了见微知著的效果。

二、面料之美

面料是承载服装的载体，是设计师实现设计思想的媒介。服装面料材质种类非常多，或轻薄，或厚重，设计师根据服装的季节、用途、场合等因素来选择面料。不同类型的面料组合、搭配可以展现多种风格。常见的面料大致可以分为以下几类。

· 透明型面料

质地薄而透，具有优雅浪漫的艺术效果。包括棉、丝、化纤织物等，常见的如绢、纱、蕾丝等。线条丰满富于变化的服装比较适合采用这种类型的面料，透明水彩是表现这类面料的不二选择。如图 4.2.1

4.2.1

图 4.2.1: 季未燃作品

· 柔软型面料

质感轻薄、悬垂性好，造型线条光滑流畅，服装轮廓自然舒展。主要包括织物结构疏散的针织面料和丝绸面料以及软薄的麻纱面料等。这种面料能够很好的呈现身体曲线之美。如图 4.2.2

· 挺爽型面料

质地坚挺，有体积感，能塑造丰满的服装轮廓。常见有棉布、涤棉布、灯芯绒、亚麻布和各种中厚型的毛料和化纤织物等。这类面料能够体现服装的“精气神”，塑造挺拔、向上的形象。多用于正式场合的着装，如西服、礼服的设计。如图 4.2.3

4.2.2

4.2.3

图 4.2.2: 大谷夏树作品

图 4.2.3: 奇蒂 · 韦恩作品

· 厚重型面料

质地厚实挺括，保暖性强。能产生稳定的造型效果，包括各类厚型呢绒和绗缝织物。其面料具有体积扩张感，多用于制作外套、大衣等正规、高档的时装。令人觉得温暖、优雅。如图 4.2.4

· 光泽型面料

质地光滑，能反射出亮光，有熠熠生辉之感。如缎纹结构的织物。最常用于夜礼服或舞台表演服中，产生一种华丽耀眼的强烈视觉效果。光泽型面料在礼服的表现中造型自由度很高，造型设计可以简洁也可以较为夸张。如图 4.2.5

图 4.2.4: 卡洛琳 · 安德鲁作品

4.2.4

图 4.2.5: 阿曼德 · 梅希德里作品

4.2.5

三、搭配之美

所谓衣食住行，衣排在首位。服装出现的最初，只是为了御寒保暖，时至今日，人们对服装的诉求是体现出美感，甚至更高，要体现出自己的个性。着装美或者不美，并不取决于穿的是某一品牌的服装，也不在于服装价格高低，而是取决于整体的时装搭配是否适合你的客观条件，诸如性别、身材、年龄、职业、地域、时节等。只有适合自己的，才是最好的。接下来我们以身体形态为切入点，为大家介绍各种身材的着装要点。如图 4.3.1

图 4.3.1：常见的身材类型。克里斯蒂娜·阿隆索作品。

1. 根据身材选择时装搭配

・倒三角身材。身材特点：肩宽，腰细，臀小

倒三角身材对男性来说是完美身材，对女性来说，就会显得比较壮硕，不够柔美。时装搭配上就要扬长避短。裸肩的服装就很适合这类身材的女性。在色彩分布方面，上装色彩要以简单为主，避免使用太过鲜艳的颜色，那样就会将注意力都吸引到上半身，反而不美。如图 4.3.2

・三角形身材。身材特点：肩窄，腰粗，臀大

三角形身材又称梨型身材。这种身材在久坐的人群中比较常见，因为久坐脂肪都集中在腰腹、臀部和大腿。这种体型看起来和梨子外形相似，所以称为梨型身材。这种身材的特点是上轻下重，因此在时装的款式选择方面，上装可以选择宽松、具有层次感的服装，如层叠的荷叶边，蕾丝的装饰。下装则尽量选择简单的款式。色彩方面，明亮、鲜艳的上装能够吸引人的注意力，而且会让人看起来非常的生动。下装尽量采用灰暗调和的色彩，能够恰到好处的造成视觉上的收缩和后退感。这样，服装整体的重点就会集中在上半身，从而忽略粗壮的下半身。如图 4.3.3

图 4.3.2, 图 4.3.3:
葆拉・布兰奇作品

4.3.2

4.3.3

· 矩形身材。身材特点：直筒型身材，肩宽与臀宽大约相等，没有腰部曲线
这种身材的女性大部分比较纤瘦，不够丰满，身材没有曲线。针对这种身材，可以采用视觉分割的方法来塑造身材曲线。短款精致的上装搭配简洁的下装可以提高腰线，或者用腰带束在腰线较高的位置。时装色彩也以高腰线为分界，上下区分开来。这都是打造完美腰型的好办法。如图 4.3.4

· 圆形身材。身材特点：肩窄，腰部和臀部圆润
圆形身材又称苹果型身材。是指腰腹突出的圆润的身材。这种身材的着装要点是遮盖住腰腹的赘肉，因此，收腰型的服装是这类身材的禁忌。在款式方面，可以选择在领口有设计造型的上装，可以吸引视线上移，忽略腰腹。下装的款式则要尽量选择修长的款型。在色彩方面，上装颜色应该偏深，选用有收缩感的冷暗色调，会让上半身看起来苗条一些。而下装颜色偏亮，选择白、浅灰等纯色或有立体花纹的下装，可以从视觉上将人体拉长。如图 4.3.5

4.3.4

4.3.5

图 4.3.4:
阿莲娜·拉辅多夫斯加亚作品

图 4.3.5:
克里斯蒂娜·阿隆索作品

・沙漏型身材。身材特点：丰胸，细腰，丰臀
沙漏型身材，可以说是女性的完美身材了。这种身材的时装搭配要容易得多。着装风格以简为美。因为本身条件已经很好，太过复杂的着装就会显得画蛇添足，喧宾夺主。因此，简洁的着装风格反而更能凸显好身材。如图 4.3.6

4.3.6

图 4.3.6：艾子靖作品

2. 色彩的象征意义
配色也是一个重要方面。色彩对人的思想情绪和行为有着深刻的影响。前文中已经对服装色彩搭配做了介绍，不再赘述。接下来介绍的是颜色的象征意义，给读者作为服装搭配的参考。

红：活力、热情、勇敢、希望、爱情、健康、野蛮
橙：活泼、富饶、充实、未来、友爱、豪爽、积极
黄：智慧、光荣、温和、忠诚、希望、喜悦、光明
绿：青春、自然、和平、幸福、理智、朝气、平静
青：希望、坚强、庄重、清脆、伶俐、空灵、典雅
蓝：自信、永恒、真理、真实、沉默、冷静、清新
紫：华丽、高贵、优雅、孤独、神秘、骄傲、浪漫
黑：神秘、寂寞、黑暗、庄重、低调、严肃、气势
白：神圣、纯洁、无私、朴素、清爽、诚实、干净
灰：优雅、考究、平静、稳重、朴素、低调、温和

时装搭配小贴士：
・不盲目追赶潮流，适合自己的才是最好的
・购买服装选择经典款，衣不在多，在于品质
・服装颜色选择黑色、白色、灰色、米色等基础色为主色调，不过时且百搭
・重视配饰的作用，它会让你在人群中脱颖而出
・建立自己的着装风格，有助于提升个人形象

第五章

时装插画之点睛利器——配饰

一、时装配饰的起源和意义

时装配饰，为烘托出更好的服装表现效果而存在。其材质多样，种类繁杂。诸如鞋子、箱包、首饰、眼镜、帽子、腰带等。根据历史记载，很早时人类就已经开始佩戴彩色的石头、贝类或是羽毛作为装饰品，它是人类对美的追求的最早体现。当时装出现以后，人们开始将装饰品用于服饰搭配。而且饰品的意义并不局限于表现美感，它还能够彰显人的荣誉、身份、地位。就像王者的皇冠，是饰品也是权力和身份的象征。而且饰品可以作为载体，承载佩戴者的精神信仰，例如基督徒佩戴的十字架。配饰的出现和发展，是民族文化和社会进步的一部分。

5.1.1

图 5.1.1：卡罗尔·维勒麦作品。印第安人的羽毛头饰

时至今日时装配饰已经逐渐成为时装表现形式的不可或缺的组成部分。因此在服装插画中，也少不了服装配饰的一笔浓墨重彩。但在插画表现中，应该注意到时装与配饰的主次地位。配饰为时装服务，意在烘托完善服装效果，使整个着装看起来和谐时尚，主次分明。

5.1.2

图 5.1.2：饭煮豪作品

二、如何表现配饰的质感

接下来，由新锐插画师饭煮豪①为大家介绍如何表现配饰的质感，以及配饰的绘制步骤。

1. 杜嘉班纳宝石的表现

刻画漂亮的宝石，通常饭煮豪会选择 A4 大小的水彩纸。他的绘制步骤是，草图部分先用 0.5 笔芯的自动铅笔简洁的勾勒出宝石的外形，多数使用直线，然后需要开始设定光源，这点很重要，它直接影响到宝石的光泽度和重量感，完成这一步后，用中号水彩笔，选取相应的颜料，让画笔稍微保持有较多的储水量，淡淡的扑一层底色，留出亮部。待干后，选择一个相近的深色，给阴影部分上色，最后使用深色混合褐色，继续强调暗部，亮部留出形状即可。如有需要，局部可以使用高光笔进行点缀。如图 5.2.1

总结：重点是对暗部和亮部轮廓的把握。

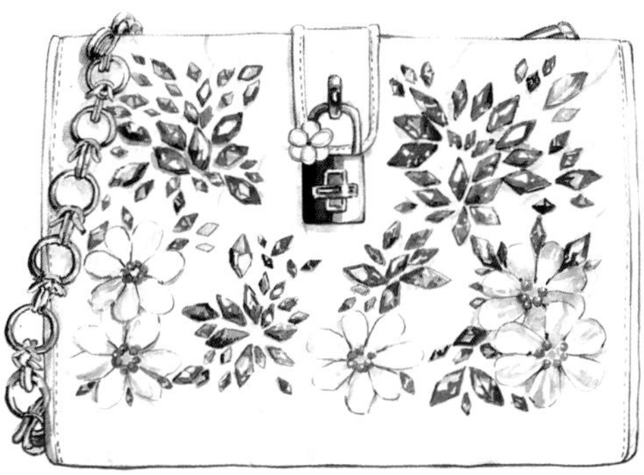

5.2.1

①*饭煮豪，中国新锐插画师，跨界设计师。曾获得第五届香港原创漫画新星大赛季军，担任超级课程表品牌设计总监，现为自手作工作室创始人。与众多一线奢侈品牌、时尚博主、多家时尚媒体合作，如新浪女性、设计中国、中国插画联盟等，是穿针引线服装设计网推荐插画师。他说，之所以着迷时尚插画，是因为时尚插画是一种美的体验和表达方式，在绘制中提炼和加入自己对品牌的品味和理解，让作品变得极具个性！而同时作品可以被朋友喜欢，给观者带来美的感受，是美好的事情。*

2. 高跟鞋质感的表现

用 0.5 笔芯的自动铅笔画出高跟鞋的外形，白色的装饰珠片，可以在后面再用高光笔添加，所以不用在草图中做体现。因为是黑色的鞋子，最难把握的就是层次，要避免画得平了，需要突出空间感和层次感。技巧在于对色彩的浓度的把握控制，除了鞋身以外，其余的鞋带部分可以使用稍微淡一点的黑色，对于浅黑色，有两种方法体现，一种是在黑色的颜料中混入白色，当然，你也可以使用另一种，那就是用水彩笔的含水量来控制浓淡，含水量较高的画笔可以画出稍浅的颜色。待颜色干透时，使用高光笔，在鞋带上点缀珠片，最后扫描进电脑，并使用软件调整细节颜色。如图 5.2.2

5.2.2

总结：重点是对色彩的浓度的把握控制。

三. 杜嘉班纳女包的绘制过程

第一步绘制草图。使用 0.5 笔芯的自动铅笔，用长线条勾勒出包包的整体外形，注意整体，先忽略局部，对于比较繁杂的花朵部分，也使用曲线大致画出位置和外形即可。如图 5.3.1

第二步绘制线稿。在草图的基础上，画出具体的轮廓细节，把握好线条的轻重。需要注意的是，一张线稿其实就是一张完成的黑白稿，所以要耐心的画出每一条线条，画出干净的线稿。如图 5.3.2

第三步上底色。在线稿上使用水彩，选取所需的颜色，用比较湿润的水彩笔画扑上一层底色。如图 5.3.3

第四步强化对比。在底色的基础上，选择比对应底色较深的颜料，给暗部上色，留出亮部，同时使用勾线笔，给花朵的交接点添加暗色，勾勒出局部线条。如图 5.3.4

第五步添加细节。使用高光笔给花朵添加一些亮点。强化包身暗部，丰富包身细节，添加黄色交叉线。如图 5.3.5

——饭煮豪

5.3.1

5.3.2

5.3.3

5.3.4

5.3.5

Prada-Million Dollar Girl 普拉达——百万美元女郎

项目描述：个人作品，黄冠益创作的数码时尚插画，使用了简约的黑白配色。

插画师：黄冠益 国家：马来西亚

项目描述：个人作品，黄冠益创作的数码时尚插画。背景的色彩效果对模特和裙子加以强调。

插画师：黄冠益 国家：马来西亚

Morden Black Skirt 现代黑色短裙

Ralph Lauren 拉夫·劳伦

项目描述：这幅时尚插画的创作灵感来自 2014 年 2 月美国版《VOGUE 服饰与美容》中的模特孙菲菲。

插画师：葆拉·布兰奇　国家：智利

项目描述：这幅时尚插画的创作灵感来自 2013 年 5 月的时尚博主妮可·沃恩。

插画师：徕拉·布兰奇 国家：智利

Asos and Zara Asos 和 Zara 品牌

Striped Dress 条纹风格裙装

项目描述：简约随性的条纹T恤搭配条纹裙装，创作灵感来自模特晓雯。

插画师：葆拉·布兰奇 国家：智利

项目描述：这幅时尚插画的创作灵感是模特晓雯和香奈儿手包。

插画师：葆拉·布兰奇 国家：智利

Black Minimal Dress 黑色简约裙子

项目描述：这幅时尚插画的创作灵感来自 2014 年 1 月中国版《VOGUE 服饰与美容》。
插画师：葆拉·布兰奇 国家：智利

项目描述：这幅时尚插画的创作灵感是身穿克里斯汀·迪奥连衣裙的女演员詹妮弗·劳伦斯。

插画师：葆拉·布兰奇 国家：智利

Christian Dior 克里斯汀 • 迪奥

Celine 思琳

项目描述：日本时尚杂志《Commons&sense》的编辑资料，灵感来自思琳秀场造型。

插画师：妮可·杰拉兹 国家：美国

项目描述：城市旅行者的品牌时尚作品，连衣裙灵感来自吉尔·桑达品牌。
插画师：埃斯拉·罗伊斯 国家：挪威

Jil Sander 吉尔·桑达

项目描述：乔治·阿玛尼 2012 春夏系列广告中的米露·范格柔森，插画使用 Adobe Photoshop CS3 中的铅笔绘制。

插画师：威尔·拜亚姆 国家：马来西亚

项目描述：Shopca1ico.com 中的蕾拉·古德酷，插画使用 Adobe Photoshop CS3 中的铅笔、水彩泼溅刷绘制。

插画师：威尔·拜亚姆 国家：马来西亚

Colour Block Dress 简约色块裙装

项目描述：个人作品，2015 巴黎春夏高级定制时装周的迪奥秀场速写。

插画师：阿连娜·拉铺多夫斯加亚 国家：俄罗斯

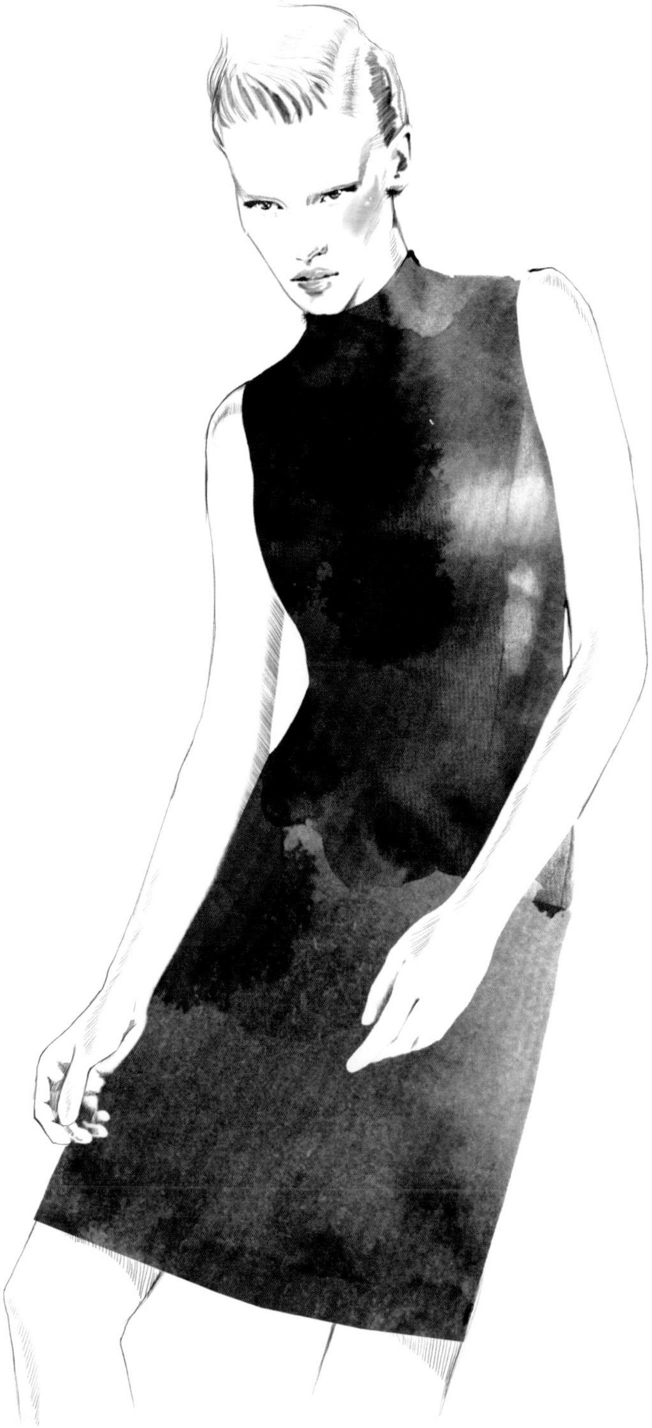

项目描述：经典小黑裙，用水彩呈现蕾丝质地。
插画师：斯维特拉娜·伊可莎诺娃 国家：俄罗斯

Little Black Dress 小黑裙

Dior RTW FW 2015 迪奥 2015 秋冬成衣系列

项目描述：迪奥秀场速写，2015 巴黎秋冬时装周成衣系列。为 vogue.ru 网站绘制的编辑材料。

插画师：阿莲娜・拉辅多夫斯加亚 国家：俄罗斯

项目描述：为 vogue.ru 网站绘制的编辑材料。迪奥秀场速写，2015 巴黎秋冬时装周成衣系列。
插画师：阿莲娜·拉辅多夫斯加亚 国家：俄罗斯

Dior RTW FW 2015 迪奥 2015 秋冬成衣系列

Kenzo RTW FW 2015 高田贤三 2015 秋冬成衣系列

项目描述：个人作品，高田贤三秀场速写，2015 巴黎秋冬时装周成衣系列。

插画师：阿莲娜·拉辅多夫斯加亚 国家：俄罗斯

项目描述：为 vogue.ru 网站绘制的编辑材料，2015 纽约秋冬时装周德里克・林 2015 秋冬成衣秀场速写。
插画师：阿莲娜・拉辅彡夫斯加亚 国家：俄罗斯

Derek Lam RTW FW 2015 德里克・林 2015 秋冬成衣系列

Lanvin RTW FW 2015 朗万 2015 秋冬成衣系列

项目描述：为 vogue.ru 网站绘制的编辑材料。朗万秀场速写，2015 巴黎秋冬时装周成衣系列。

插画师：阿莲娜·拉辅多夫斯加亚 国家：俄罗斯

项目描述：王薇薇秀场速写，2015 巴黎秋冬时装周成衣系列。为 vogue.ru 网站绘制的编辑材料。
插画师：阿莲娜·拉辅多夫斯加亚 国家：俄罗斯

Vera Wang RTW FW 2015 王薇薇 2015 秋冬成衣系列

项目描述：这幅时尚插画属于个人订单，创作灵感来自 THE COAT SK 品牌。

插画师：玛丽安娜·马尔什 国家：乌克兰

项目描述：这幅时尚插画的创作灵感来自乌克兰热门品牌 THE COAT SK。
插画师：玛丽安娜・马尔什 国家：乌克兰

The Coat SK THE COAT SK 品牌

Chanel Pre-Fall 2016 香奈儿 2016 早秋系列

项目描述：这幅时尚插画的创作灵感来自香奈儿 2016 早秋系列。
插画师：尼娜·米德 国家：希腊

项目描述：阿奎拉诺·里蒙迪 2014 春夏系列时尚插画。使用纸与 Photoshop CS5 绘制。

插画师：塔尼亚·桑托斯 国家：葡萄牙

Aquilano Rimondi SS 2014 阿奎拉诺·里蒙迪 2014 春夏

项目描述：这幅时尚插画的灵感来自劳伦・斯科特 2014 春夏系列。
插画师：卡捷琳娜・姆利西娜 国家：俄罗斯

Oriental Spirit in L'Wren Scott SS 2014 劳伦・斯科特 2014 春夏系列中的东方精神

项目描述：灵感来自劳伦·斯科特 2009 春夏系列。选择适合自己的风格和时代，成为自己的唯一。

插画师：谭笑 国家：中国

项目描述：用鲜明的色彩搭配和动态塑造一个充满阳光、时尚优雅的女性形象。

插画师：艾子靖 国家：中国

Stylish Fishtail Skirt 时尚鱼尾裙

Dolce & Gabbana 杜嘉班纳

项目描述：2012年3月发行的澳大利亚版《时尚芭莎》中杰西卡·史丹身穿杜嘉班纳印花长裙。
使用 Adobe Photoshop CS3 中的铅笔画笔绘制。
插画师：威尔·拜亚姆 国家：马来西亚

项目描述：身穿克里斯汀·迪奥 2015 春季时装的模特达安妮·康特拉透。彩色铅笔绘制。

插画师：卡洛琳·安德鲁 国家：法国

Christian Dior 克里斯汀• 迪奥

Fendi Girl 1 芬迪女郎 1

项目描述：这幅时尚插画的创作灵感来自芬迪 2015 度假系列。

插画师：卡捷琳娜·姆利西娜 国家：俄罗斯

项目描述：这幅时尚插画的创作灵感来自芬迪 2015 度假系列。
插画师：卡捷琳娜・姆利西娜 国家：俄罗斯

Fendi Girl 2 芬迪女郎 2

Stars and Stripes Printed Dress 星星和条纹印花连衣裙

项目描述：凯特琳·里基茨的重新阐释。以纸张和数码为媒介的铅笔、钢笔和彩色铅笔作品。
插画师：米娜·K 国家：韩国

项目描述：普拉达 2011 春夏系列连衣裙。这幅插画是时装照片的重新诠释，在女子身旁添加了花朵。

插画师：米娜・K 国家：韩国

Prada SS 2011 普拉达 2011 春夏系列

Pepe Jeans London 伦敦佩佩牛仔裤

项目描述：这幅时尚插画的创作灵感来自“IT”女郎艾丽珊·钟的画像。

插画师：葆拉·布兰奇 国家：智利

项目描述：这幅时尚插画的创作灵感来自香港博主梅奥。

插画师：葆拉·布兰奇 国家：智利

Mellow Mayo Outfit 梅洛·梅奥造型

Alix Bancourt Outfit 阿历克斯·邦库尔造型

项目描述：这幅时尚插画的创作灵感来自法国博主阿历克斯·邦库尔。

插画师：葆拉·布兰奇 国家：智利

项目描述：这幅时尚插画的创作灵感来自“IT”女郎艾丽珊·钟的画像。
插画师：葆拉·布兰奇 国家：智利

项目描述：这幅时尚插画的创作灵感是身穿缪缪连衣裙的女演员伊莫珍·波茨。

插画师：葆拉·布兰奇 国家：智利

项目描述：这幅时尚插画的创作灵感来自女演员史黛西·马丁。
插画师：葆拉·布兰奇 国家：智利

Maria Francesca Pepe 玛丽亚·弗朗西斯卡·佩佩

The Whitepepper The Whitepepper 品牌

项目描述：这幅时尚插画的创作灵感来自东伦敦时尚品牌 The Whitepepper2015 系列。

插画师：葆拉·布兰奇 国家：智利

项目描述：这幅时尚插画的创作灵感是身穿克里斯汀·迪奥连衣裙的女演员凯拉·奈特莉。

插画师：葆拉·布兰奇 国家：智利

Christian Dior 克里斯汀·迪奥

项目描述：个人作品，缪缪秀场速写，2015 米兰秋冬时装周成衣系列。

插画师：阿莲娜·拉铺多夫斯加亚 国家：俄罗斯

项目描述：个人作品，罗莎秀场后台速写，2015 巴黎秋冬时装周成衣系列。
插画师：阿莲娜·拉辅多夫斯加亚 国家：俄罗斯

Rochas RTW FW 2015 罗莎 2015 秋冬成衣系列

项目描述：个人作品。香奈儿秀场特写，2015 巴黎高级定制时装周春夏系列。

插画师：阿莲娜·拉辅多夫斯加亚 国家：俄罗斯

项目描述：个人作品。香奈儿秀场特写，2015 巴黎高级定制时装周春夏系列。
插画师：阿莲娜・拉铺多夫斯加亚 国家：俄罗斯

Chanel SS 2015 香奈儿 2015 春夏系列

Chanel RTW FW 2015 香奈儿 2015 秋冬成衣系列

项目描述：为 vogue.ru 网站绘制的编辑材料。香奈儿秀场后台速写，2015 巴黎秋冬时装周成衣系列。

插画师：阿莲娜·拉辅多夫斯加亚 国家：俄罗斯

项目描述：为 dochkimateri.com 网站创作的漫画《瓦西里萨日记》，2015 米兰时装周芬迪春夏成衣后台。
插画师：阿莲娜·拉辅多三斯加亚 国家：俄罗斯

Fendi RTW SS 2015 芬迪 2015 春夏成衣系列

Rodarte 罗达特

项目描述：模特玛丽安娜·桑塔纳身穿罗达特 2014 秋季系列。使用彩色铅笔配合安格尔纸绘制。

插画师：卡洛琳·安德鲁 国家：法国

项目描述：个人作品，使用水粉和石墨绘制。
插画师：妮可·杰拉兹 国家：美国

Chanel 香奈儿

Jill Stuart SS 2016 吉尔·斯图尔特 2016 春夏系列

项目描述：吉尔·斯图尔特一直是女性化的女王。插画师用品红色色块和丝滑面料捕捉纽约时尚周期间在美国时装设计师协会大奖上的几个流线造型。

插画师：萨曼莎·哈恩 国家：美国

项目描述：林能平的这一系列作品魅力无限，让人无法抗拒。

插画师：萨曼莎·哈恩 国家：美国

Phillip Lim SS 2016 林能平 2016 春夏系列

Proenza Schouler 普罗恩萨·施罗

项目描述：普罗恩萨·施罗一直深受大众喜爱。出众的质地和黑白红配色令人难以置信，引人喜爱。

插画师：萨曼莎·哈恩 国家：美国

项目描述：坦尼娅·泰勒是一位冉冉升起的设计新星，如今已经是美国时装设计师协会的成员。她的 2016 春夏系列十分惹人喜爱，特别是配色华丽的条纹造型。

插画师：萨曼莎·哈恩 国家：美国

Tanya Taylor SS 2016 坦尼娅·泰勒 2016 春夏系列

项目描述：这幅插画的设计灵感来自 V 杂志的时尚板块，身穿杜嘉班纳 2011 秋季成衣的女郎。

插画师：欧镁桦 国家：中国香港

项目描述：西蒙娜·罗莎秀场后台速写，2015 伦敦秋冬时装周成衣系列。为 vogue.ru 网站绘制的编辑材料。
插画师：阿莲娜·拉辅多夫斯加亚 国家：俄罗斯

Simone Rocha RTW FW 2015 西蒙娜·罗莎 2015 秋冬成衣系列

Giambattista Valli Spring 2014 詹巴迪斯塔·瓦利 2014 春季系列

项目描述：这幅插画的灵感来自身穿詹巴迪斯塔·瓦利 2014 春季高级时装的阿迈勒·克鲁尼。

插画师：阿努姆·塔里克 国家：美国

项目描述：这幅插画的灵感来自女演员艾玛·斯通的荷叶边短裙造型。
插画师：阿努姆·塔里克 国家：美国

Oscar de la Renta 2015 奥斯卡·德拉伦塔 2015 系列

Zuhair Murad Fall 2015 祖海• 慕拉 2015 秋季系列

项目描述：这幅插画的灵感来自祖海·慕拉 2015 秋季成衣系列。

插画师：阿努姆·塔里克 国家：美国

项目描述：这幅插画是对时装照片的重新诠释，在地板上添加了花朵。使用工具有铅笔、钢笔、墨水、彩色铅笔、水彩、马克笔，以纸张和数码为媒介。

插画师：米娜·K 国家：韩国

Coloured Shiny Dress with Shirts Collar 衬衫衣领彩色连衣裙

Chanel SS 2014 香奈儿 2014 春夏系列

项目描述：这幅时尚插画的创作灵感来自香奈儿 2014 度假系列。

插画师：玛丽安娜・马尔什 国家：乌克兰

项目描述：这幅时尚插画属于个人订单，描绘了头戴面纱的女郎。
插画师：玛丽安娜·马尔十 国家：乌克兰

Girl with a Veil 面纱女郎

MARCHè Resort 2014 Collection 马尔什 2014 度假系列

项目描述：这幅插画的灵感来自马尔什 2014 度假系列。

插画师：玛丽安娜・马尔什 国家：乌克兰

项目描述：这幅插画描绘的是来自巴黎的女郎，她的造型总是那么明快，使得绘制过程充满乐趣。
插画师：玛丽安娜·马尔什 国家：乌克兰

The Coat SK THE COAT SK 品牌

Diane von Fürstenberg SS 2016 Collection 黛安·冯·弗斯滕伯格 2016 春夏系列

项目描述：黛安·冯·弗斯滕伯格 2016 年春夏系列，有独特蝴蝶刺绣装饰的美丽造型。插画是受 2016 年 3 月阿拉伯版《时尚芭莎》杂志委托而创作的。

插画师：维罗妮卡·凯姆斯基 客户：阿拉伯版《时尚芭莎》杂志 国家：俄罗斯

项目描述：这个明快的造型来自黛安·冯·弗斯滕伯格 2016 年春夏系列，插画是受 2016 年 3 月阿拉伯版《时尚芭莎》杂志委托而创作的。
插画师：维罗妮卡·凯姆斯基 客户：阿拉伯版《时尚芭莎》杂志 国家：俄罗斯

Diane von Fürstenberg SS 2016 Collection 黛安·冯·弗斯滕伯格 2016 春夏系列

Print Coat with Plant Pattern 植物图案上衣

项目描述：这幅时尚插画是使用 Photoshop 软件中的水彩效果从头绘制完成的。

插画师：马泰亚·科瓦克 国家：克罗地亚

项目描述：模特睢晓雯身穿克洛伊 2015 春季系列。使用水彩绘制。
插画师：卡洛琳·安德鲁 国家：法国

Chloé 克洛伊

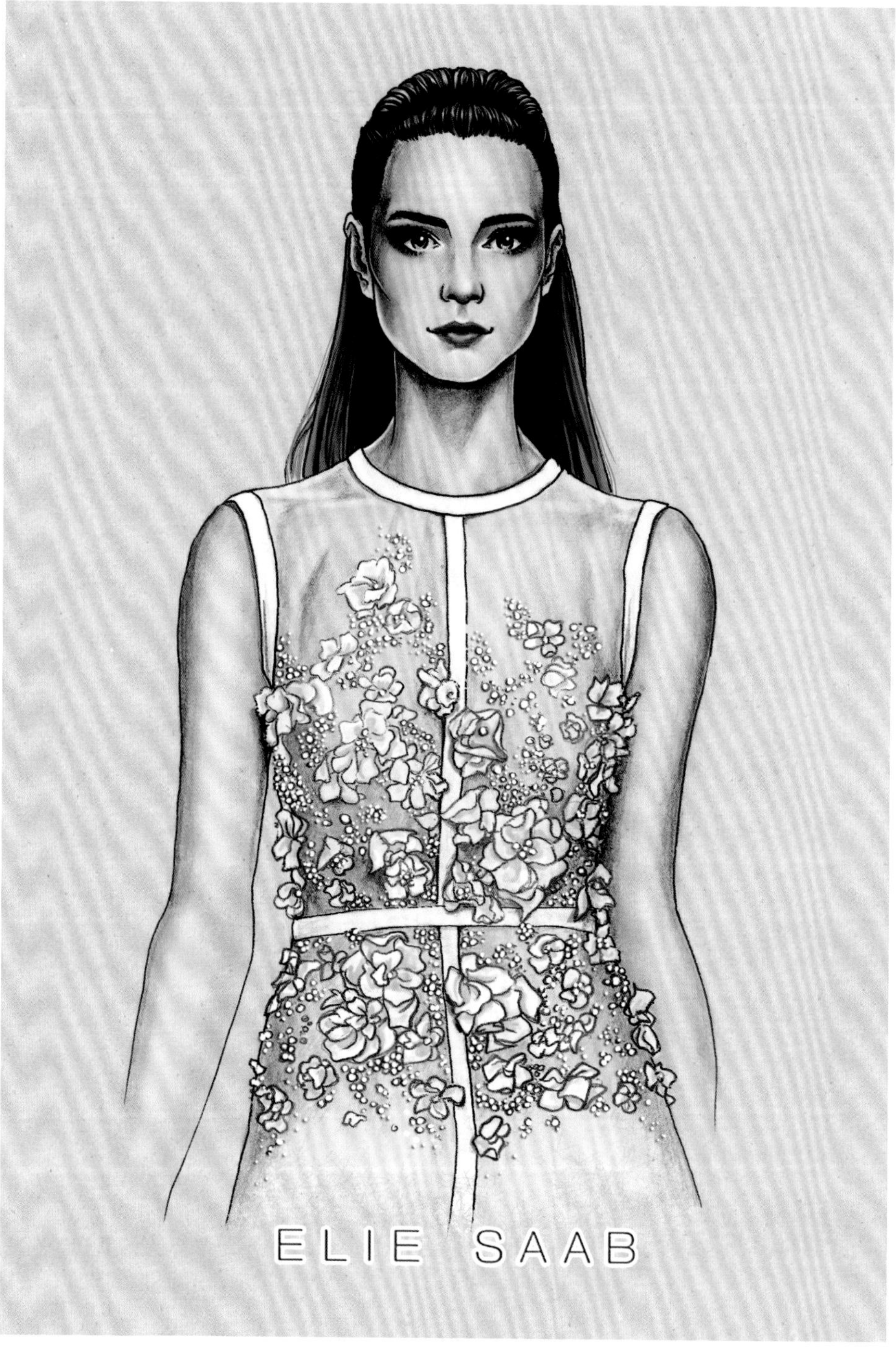

项目描述：插画灵感来自艾莉・萨博 2014 春夏系列。使用纸张和 Photoshop CS5 绘制。

插画师：塔尼亚・桑托斯 国家：葡萄牙

项目描述：插画灵感来自 10 月 15 日时装周上的古驰 2016 夏季系列。
插画师：玛戈特・范・胡伊克罗姆 国家：法国

Gucci Suit 古驰西装

Dolce & Gabbana Fall 2013 杜嘉班纳 2013 秋季系列

项目描述：插画内容是梅利克・斯特里特设计的连衣裙，灵感来自杜嘉班纳 2013 秋季系列。

插画师：梅利克・斯特里特 国家：意大利

项目描述：插画内容是米兰时装周上身穿杜嘉班纳 2013 秋季系列连衣裙的形象。

插画师：梅利克·斯特里特 国家：意大利

Dolce & Gabbana Fall 2013 杜嘉班纳 2013 秋季系列

Pink Suit 粉色西服

项目描述：灵感来自戴安娜·昂修的造型。是适合早春的靓丽装扮。

插画师：艾子靖 国家：中国

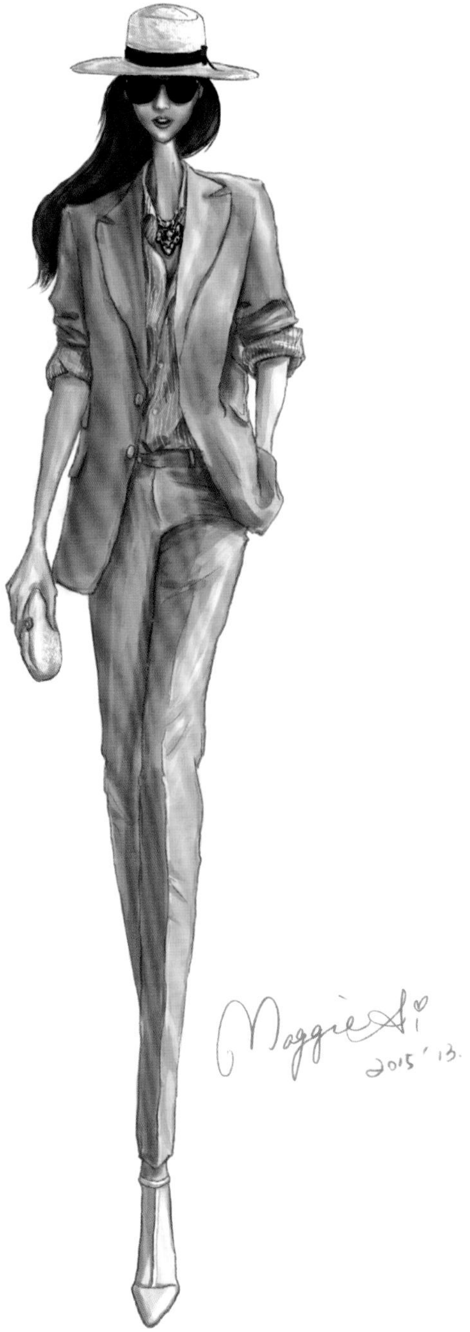

项目描述：巴黎时装周插画作品，哈勒斯·库思科和亚纳·戈迪纳身穿梅森·华伦天奴 2014 冬季连衣裙。
插画师：梅利克·斯特里特 国家：意大利

Maison Valentino Winter 2014 梅森·华伦天奴 2014 冬季系列

Frozen Kingdom FW 2013-2014 冰雪王国 2013–2014 秋冬系列

项目描述：使用水彩绘制。俄罗斯设计师妮亚·尼亚泽娃秋冬系列的水彩时装插画。代表性的水彩画印花“冰雪王国”是胶囊系列的创作基础。

插画师：伊丽娜·凯格洛多娃 国家：俄罗斯

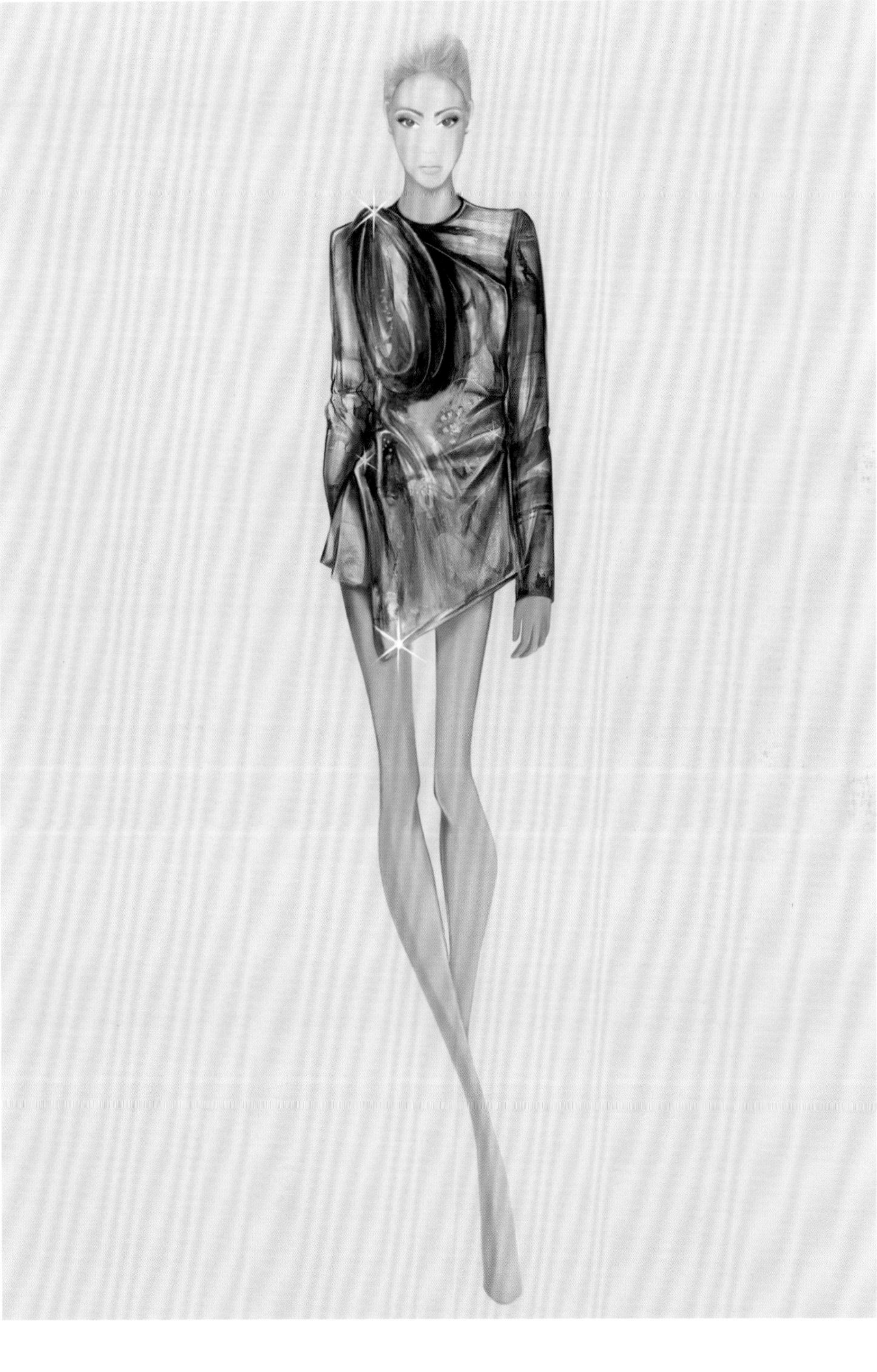

项目描述：非传统的由后至前的环形装饰设计，颠覆了传统的设计方式和传统意义上的美。印花灵感来自保罗·格瑞格桑的画作。

插画师：拉埃尔·格瑞格桑 国家：德国

Bow Dress from Rahel Guiragossian Collection 蝴蝶结连衣裙

项目描述：这幅插画的概念基于对丰富材料的现实主义表现，一些个人作品系列着眼于强调综合材料、色彩和细节的多样性。

插画师：马泰亚·科瓦克 国家：克罗地亚

项目描述：插画灵感来自为 Rouge 杂志绘制的杜嘉班纳编辑材料。
插画师：马泰亚・科瓦克 国家：克罗地亚

Dolce Gabanna 杜嘉班纳

Giambatista Valli 詹巴迪斯塔・瓦利

项目描述：为 Rouge 杂志绘制的编辑材料。作品力图真实再现服装的质感。

插画师：马泰亚・科瓦克 国家：克罗地亚

项目描述：插画师希望通过这幅作品描绘女性的自然之美，同时体现传统时尚插画的现实比例、感性表达和优雅动态。

插画师：马泰亚·科瓦克 国家：克罗地亚

Elegant Yellow Dress 优雅的黄色裙子

Ports 宝姿

项目描述：为 Rouge 杂志绘制的编辑材料。作品力图真实呈现服装的质地和细节。

插画师：马泰亚·科瓦克 国家：克罗地亚

项目描述：插画灵感来自与 Rouge 杂志绘制的缪缪编辑材料。
插画师：马泰亚·科瓦克 国家：克罗地亚

Miu Miu 缪缪

Prada 普拉达

项目描述：插画灵感来自为 Rouge 杂志绘制的普拉达编辑材料。

插画师：马泰亚·科瓦克 国家：克罗地亚

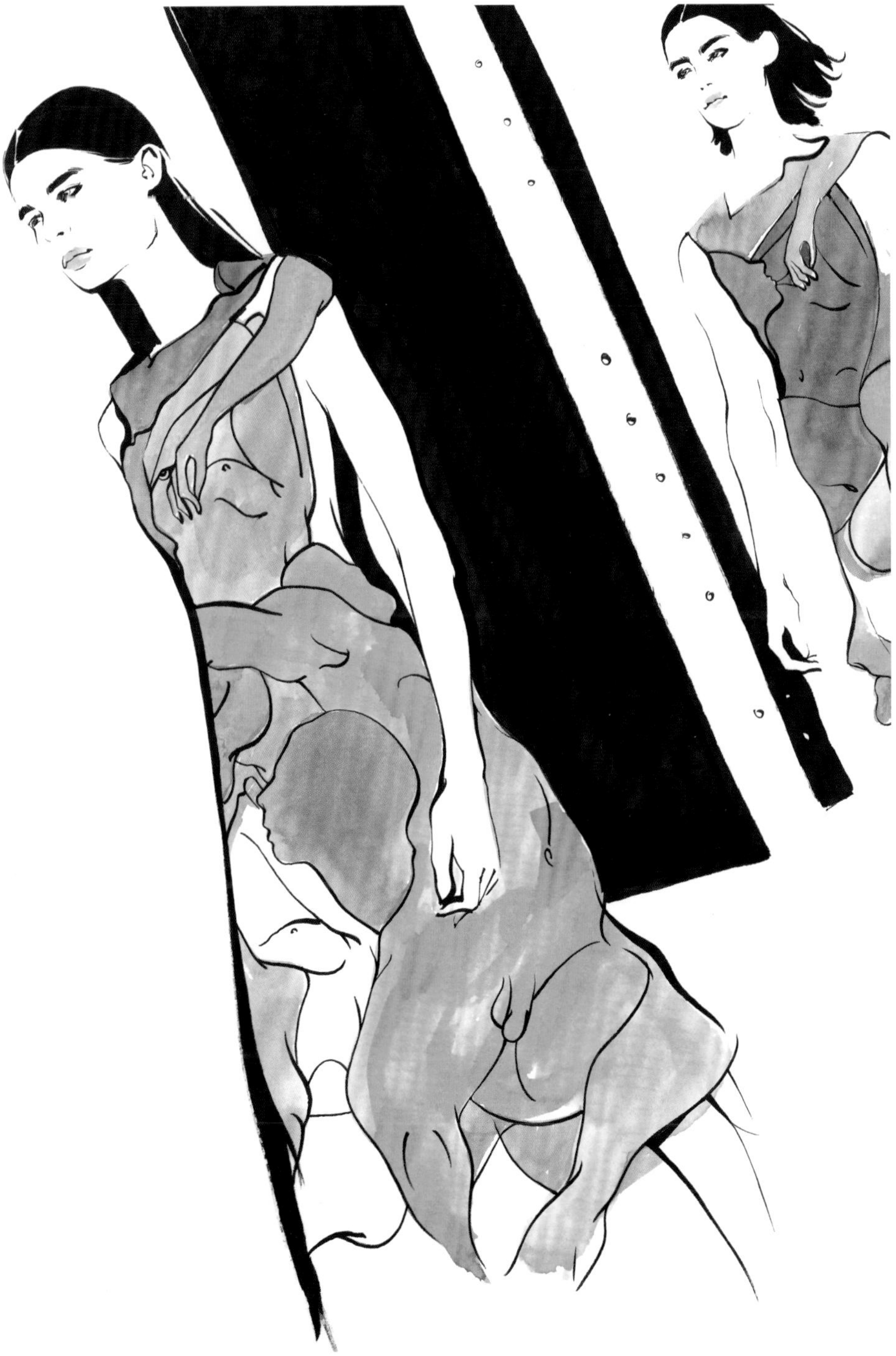

项目描述：为 vogue.ru 网站绘制的编辑材料。克里斯托弗尔·凯恩秀场速写，2015 伦敦秋冬时装周成衣系列。
插画师：阿莲娜·拉辅多夫斯加亚 国家：俄罗斯

Christopher Kane RTW FW 2015 克里斯托弗尔·凯恩 2015 秋冬成衣系列

项目描述：香奈儿秀场速写，2015 巴黎秋冬时装周成衣系列。为 vogue.ru 网站绘制的编辑材料。

插画师：阿莲娜・拉辅多夫斯加亚 国家：俄罗斯

项目描述：为 vogue.ru 网站绘制的编辑材料。路易威登秀场速写，2015 巴黎秋冬时装周成衣系列。
插画师：阿莲娜·拉铺多夫斯加亚 国家：俄罗斯

Louis Vuitton RTW FW 2015 路易威登 2015 秋冬成衣系列

Delpozo Autumn Winter 2016-2017 Delpozo 2016-2017 秋冬系列

项目描述：插画师在这幅作品中强调了连衣裙的简约造型和风格装饰元素之间的对比。
使用到的工具有石墨铅笔、墨水、水彩和数字修饰。

插画师：大谷夏树 国家：日本

项目描述：插画灵感来自 Dsquared2015 早秋系列。不知道穿什么的时候，选择印花准没错。
插画师：谭笑 国家：中国

Dsquared2 2015 Pre-Fall Dsquared2 2015 早秋系列

Delpozo FW 2015 Delpozo 2015 秋冬系列

项目描述：插画使用水彩和彩笔绘制而成，灵感来自该造型的杂志照片。

插画师：纳塔莉亚·萨莫拉 国家：哥伦比亚

项目描述：水彩绘制而成，内容是这一系列中插画师最喜欢的造型。
插画师：纳塔莉亚·萨莫拉 国家：哥伦比亚

'Freedom Ballerina' Marc Jacobs FW' 2015 “自由的芭蕾舞者”马克·雅可布 2015 秋冬系列

项目描述：使用水彩、墨水和铅笔在优质纤维纸上绘制而成。

插画师：艾丽西亚·马莱萨尼 国家：西班牙

项目描述：日本版《VOGUE 服饰与美容》的春季潮流美容编辑材料，使用铅笔、墨水和数字工具。
插画师：埃斯拉·罗伊斯 国家：挪威

Prada Sleeveless Shirt SS 2015 普拉达无袖衬衫 2015 春夏系列

Black and White Woman 黑白女郎

项目描述：个人作品，黄冠益创作的数码时尚插画。运用动感的笔触使造型更加生动。

插画师：黄冠益 国家：马来西亚

项目描述：为西班牙版《名利场》杂志创作的编辑材料。使用水彩、墨水和铅笔在优质纤维纸上绘制而成。

插画师：艾丽西亚·马莱萨尼　客户：西班牙版《名利场》杂志　国家：西班牙

Work Look 工作装

项目描述：为美国 Redbook 杂志绘制的编辑材料。使用水彩、墨水和铅笔在优质纤维纸上绘制而成。

插画师：艾丽西亚·马莱萨尼 客户：美国 Redbook 杂志 国家：美国

项目描述：为美国 Redbook 杂志绘制的编辑材料。使用水彩、墨水和铅笔在优质纤维纸上绘制而成。
插画师：艾丽西亚・马莱萨尼 客户：美国 Redbook 杂志 国家：美国

Smart Suit 干练的工作装

Tailored Suit 女式西装

项目描述：一本讲述时尚偶像的时尚书籍中的比安卡·贾格尔插画。

插画师：奇蒂·韦恩 国家：西班牙

项目描述：为卡登兄弟和他们的时尚品牌 DSQUARED 2 绘制的系列插画。

插画师：奇蒂·韦恩 国家：西班牙

DSQUARED 2 DSQUARED 2 品牌

项目描述：插画中模特身穿艾米迪奥·图奇与英格列斯百货的合作产品。

插画师：奇蒂·韦恩 国家：西班牙

项目描述：简单舒适的工作装款式，适应工作与生活的随意转换。
插画师：奇蒂·韦恩 国家：西班牙

Textured Suit 质感西装

项目描述：个人作品，使用石墨、纹理和 Photoshop 软件绘制而成。

插画师：妮可·杰拉兹 国家：美国

项目描述：个人作品，使用石墨、纹理和 Photoshop 软件绘制而成。
插画师：妮可·杰拉兹 国家：美国

Ralph Lauren 拉夫·劳伦

Dior 迪奥

项目描述：个人作品，使用石墨、墨水和纹理绘制。
插画师：妮可·杰拉兹 国家：美国

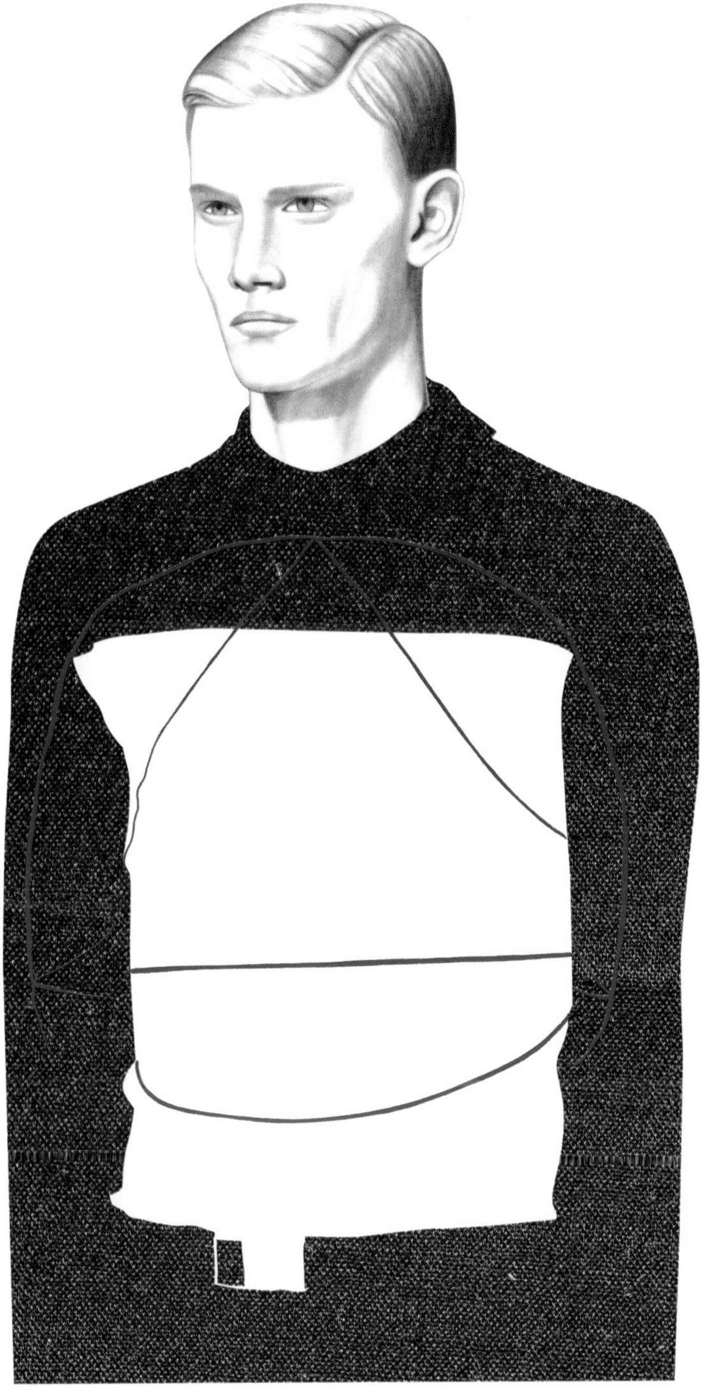

项目描述：个人作品，灵感来自迪奥时尚男装。
插画师：妮可·杰拉兹 国家：美国

Dior 迪奥

Sophie Theallet SS16 苏菲・希里特

项目描述：苏菲・希里特的设计美丽而女性化。这个造型靓丽，轮廓简洁漂亮，纹理细腻，闪耀着金色光泽。

插画师：萨曼莎・哈恩 国家：美国

项目描述：奥图扎拉非常善于打造适合工作、聚会等各种场合的造型。

插画师：萨曼莎·哈恩 国家：美国

Altuzarra 奥图扎拉

Saint Laurent RTW FW 2015 圣罗兰 2015 秋冬成衣系列

项目描述：圣罗兰秀场谢幕速写，2015 巴黎秋冬时装周成衣系列。为 vogue.ru 网站绘制的编辑材料。

插画师：阿莲娜·拉辅多夫斯加亚 国家：俄罗斯

项目描述：灵感来自男装。亮片覆盖身体，体现出既女性化又男性化的特点，设计师裁剪布料时考虑到将浪费控制在最小，同时兼顾对身材的彰显。印花灵感来自伊曼纽尔·格瑞格桑的画作。

插画师：拉埃尔·格瑞格桑 国家：德国

Jumpsuit from Rahel Guiragossian Collection 连体裤

项目描述：莫斯科中央百货商店宣传素材。使用工具铅笔。

插画师：阿莲娜·拉辅多夫斯加亚 国家：俄罗斯

项目描述：莫斯科中央百货商店宣传素材。铅笔绘制。
插画师：阿莲娜·拉辅多夫斯加亚 国家：俄罗斯

Lanvin Look 朗万造型

The Coat by Kate Silchenko 凯特•西列琴科的作品“大衣”

项目描述：这幅时尚插画的灵感来自乌克兰设计师凯特•西列琴科和她的作品“大衣”。

插画师：玛丽安娜•马尔什 国家：乌克兰

项目描述：这幅时装插画的灵感来自优丽亚娜·瑟吉安科。

插画师：玛丽安娜·马尔什 国家：乌克兰

Ulyana Sergeenko Total Look 优丽亚娜·瑟吉安科整体造型

Halston Heritage 2016 Resort 侯司顿传承 2016 度假系列

项目描述：灵感来自侯司顿传承 2016 度假系列。优雅是女人味的精髓。

插画师：谭笑 国家：中国

项目描述：灵感来自托马斯·迈尔 2016 秋冬系列。聪明的穿衣方法是选择“休闲而有设计的”单品。
插画师：谭笑 国家：中国

Tomas Maier 2016 FW 托马斯·迈尔 2016 秋冬系列

项目描述：模特身穿克洛伊 2013 秋季系列。使用铅笔和数字工具绘制。
插画师：卡洛琳·安德鲁 国家：法国

项目描述：坎迪斯·斯瓦内普尔在纽约时装周上的街头造型，使用 Adobe Photoshop CS3 中的铅笔画笔绘制。

插画师：威尔·拜亚姆 国家：马来西亚

Candice's Street Style Dress 坎迪斯的街头风格连衣裙

项目描述：插画内容是伦敦时装周上卡拉·迪瓦伊身穿巴宝莉 2014 秋季系列连衣裙的形象。
插画师：梅利克·斯特里特 国家：意大利

项目描述：这幅时装插画的灵感来自《青少年时尚》杂志 2013 年 2 月刊中的女演员安娜索菲亚·罗伯。
插画师：葆拉·布兰奇 国家：智利

Geometrically Patterned Sweater 几何图案毛衣

Haider Ackermann 海德尔·阿克曼

项目描述：为《Rouge Magazine》杂志的一篇讲述新叛逆派时尚趋势的文章创作的系列插画，灵感来自海德尔·阿克曼的系列作品。使用铅笔和墨水在纸上绘制。

插画师：卡罗尔·维勒麦 国家：比利时

项目描述：为《Rouge Magazine》杂志的一篇讲述新叛逆派时尚趋势的文章创作的系列插画，灵感来自艾米里欧·璞琪的系列作品。使用铅笔和墨水在纸上绘制。

插画师：卡罗尔·维勒麦 国家：比利时

Emilio Pucci 艾米里欧·璞琪

Versace Total Look 范思哲整体造型

项目描述：这幅时尚插画的灵感来自说唱歌手里克·罗斯。

插画师：玛丽安娜·马尔什 国家：乌克兰

项目描述：这幅时尚插画的创作灵感来自乌克兰街头造型。
插画师：玛丽安娜・马尔仁　国家：乌克兰

Valentino Street Style 华伦天奴街头造型

Balmain SS 2015 巴尔曼 2015 春夏系列

项目描述：这幅时尚插画的创作灵感来自美丽的模特刘雯和巴尔曼 2015 春季系列。
插画师：卡捷琳娜·姆利西娜 国家：俄罗斯

项目描述：模特睢晓雯身穿马克·雅可布之马克 2014 秋季系列。使用彩色铅笔在安格尔纸上绘制。

插画师：卡洛琳·安德鲁 国家：法国

Marc by Marc Jacobs 马克·雅可布之马克

Prada 普拉达

项目描述：模特琳赛·威克森身穿普拉达 2014 春季系列。水彩作品。

插画师：卡洛琳·安德鲁 国家：法国

项目描述：模特凯尔·玛亚森身穿普罗恩萨·施罗 2012 秋季系列。彩色铅笔作品。
插画师：卡洛琳·安德鲁 国家：法国

Proenza Schouler 普罗恩萨·施罗

Street Style Fashion Outfit in Red 街头时尚造型之红色

项目描述：红色的街头时尚造型案例。

插画师：达维德·莫尔特尼 国家：意大利

项目描述：绿色的街头时尚造型案例。
插画师：达维德·莫尔特尼 国家：意大利

Street Style Fashion Outfit in Green 街头时尚造型之绿色

Street Style Fashion Outfit in Yellow 街头时尚造型之黄色

项目描述：黄色的街头时尚造型案例。
插画师：达维德·莫尔特尼 国家：意大利

项目描述：蓝色的街头时尚造型案例。
插画师：达维德·莫尔特尼 国家：意大利

Street Style Fashion Outfit in Blue 街头时尚造型之蓝色

Jason Wu SS 2016 吴季刚 2016 春夏系列

项目描述：水彩插画作品。吴季刚秀场上一个惊艳造型，搭配大胆太阳镜和浓烈红唇。

插画师：萨曼莎·哈恩 国家：美国

项目描述：普罗恩萨·施罗采用华丽的材料，搭配白色、黑色和红色。
插画师：萨曼莎·哈恩 国家：美国

Proenza Schouler SS 2013 普罗恩萨·施罗 2013 春夏系列

Chris Benz SS 2013 克里斯·本兹 2013 春夏系列

项目描述：插画师在克里斯·本兹大秀开始前来到后台，捕捉美丽和时尚的造型，深度探究秀场的脉搏，寻找最喜欢的元素绘成插画。

插画师：萨曼莎·哈恩 国家：美国

项目描述：J.CREW进行了产品展示，这个品牌的产品非常适合日常装扮。

插画师：萨曼莎·哈恩 国家：美国

项目描述：Pudder agency 的秋季时尚宣传材料，插画师捕捉的是她个人喜爱的秀场造型。灵感来自思琳 2013 秋冬系列。

插画师：埃斯拉・罗伊斯 国家：挪威

项目描述：个人作品，灵感来自早些时间的思琳秋冬系列。
插画师：埃斯拉·罗伊斯 国家：挪威

Céline 思琳

Fendi AW 2012 芬迪 2012 秋冬系列

项目描述：这幅时尚插画的创作灵感来自身穿芬迪 2012 秋冬系列的模特柯希・皮尔南。

插画师：埃斯拉・罗伊斯 国家：挪威

项目描述：这幅时尚插画的创作灵感来自身穿朗万 2012 秋冬系列的模特柯希・皮尔南。

插画师：埃斯拉・罗伊斯 国家：挪威

Lanvin AW 2012 朗万 2012 秋冬系列

Céline AW 2013 思琳 2013 秋冬系列

项目描述：为挪威奥斯陆的个展“ByOne”创作的个人作品，主题是时尚中的女性化。灵感来自思琳 2013 秋冬系列。

插画师：埃斯拉·罗伊斯 国家：挪威

项目描述：冬衣造型，使用铅笔、墨水和综合媒介完成。插画灵感来自 Lófficial 品牌。
插画师：埃斯拉·罗伊斯 国家：挪威

Lófficial 品牌

Loewe AW 2015 罗意威 2015 秋冬系列

项目描述：插画灵感来自罗意威 2015 秋冬系列。
插画师：埃斯拉·罗伊斯 国家：挪威

项目描述：为挪威奥斯陆的个展“ByOne”创作的个人作品，主题是时尚中的女性化。灵感来自王培沂 2014 成衣系列。

插画师：埃斯拉·罗伊斯 国家：挪威

Alex Wang Turtleneck 王培沂高领毛衣

Celine Furry Sweater 思琳蓬松毛衣

项目描述：这幅时尚插画的创作灵感来自身穿思琳 2012 秋冬系列蓬松毛衣的模特卡罗利妮·比约恩里克。

插画师：埃斯拉·罗伊斯 国家：挪威

项目描述：俄罗斯红发时装模特，复古风格造型。她总是穿着时髦。插画中的所有细节与原始参考保持一致。

插画师：莎拉·薇拉·莱索罗 客户：COSAS 杂志 国家：厄瓜多尔

Vintage Look 复古装扮

DKNY DKNY

项目描述：为厄瓜多尔时尚杂志 COSAS 创作的插画系列，以街头风格和时尚引领者为主题。
插画师：莎拉·薇拉·莱察罗 客户：COSAS 杂志 国家：厄瓜多尔

项目描述：这幅插画采用现实主义表现手法，尤其是提包和鞋履部分。
插画师：莎拉·薇拉·莱赛罗 客户：COSAS 杂志 国家：厄瓜多尔

Prabal Gurung RTW FW 2015 普拉巴·高隆 2015 秋冬成衣系列

项目描述：普拉巴·高隆秀场后台速写，2015 纽约秋冬时装周成衣系列。为 vogue.ru 网站绘制的编辑材料。

插画师：阿莲娜·拉辅多夫斯加亚 国家：俄罗斯

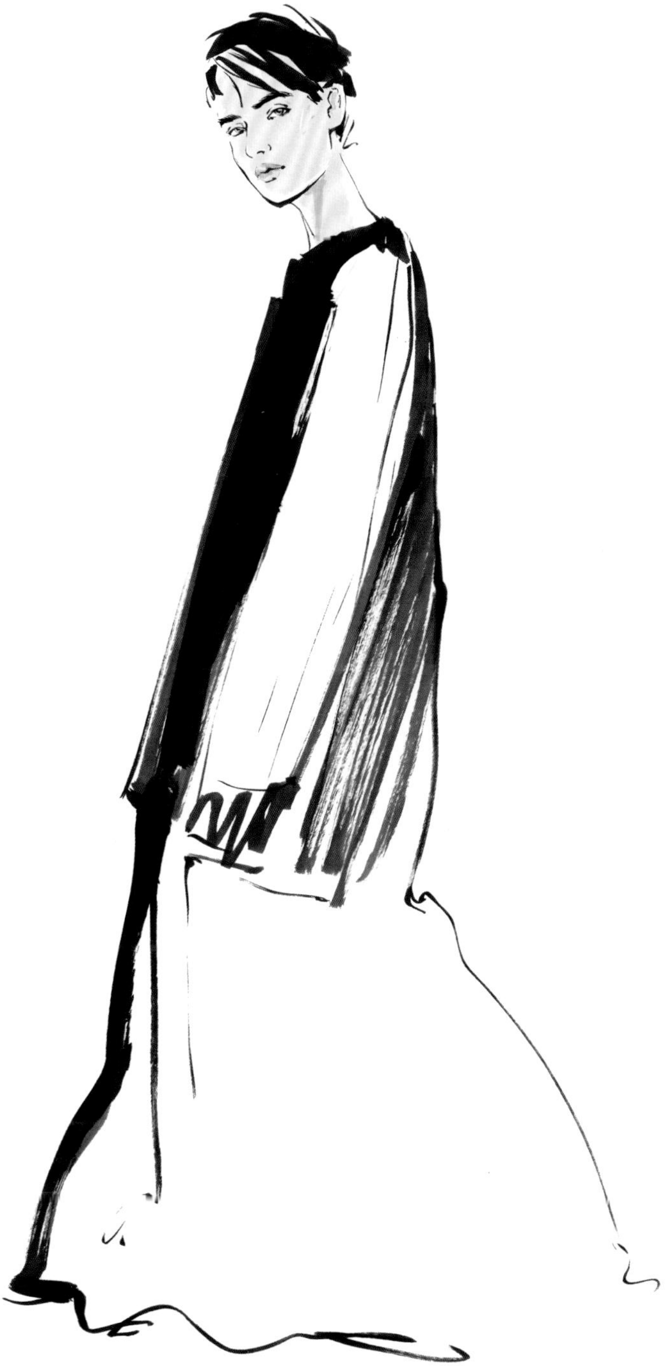

项目描述：王薇薇秀场后台速写，2015 纽约秋冬时装周成衣系列。为 vogue.ru 网站绘制的编辑材料。

插画师：阿莲娜·拉铺多夫斯加亚 国家：俄罗斯

Vera Wang RTW FW 2015 王薇薇 2015 秋冬成衣系列

项目描述：这幅插画是为 Bluefly.com 在时装周上的宣传活动创作的，灵感来自米兰街头风格造型。

插画师：阿努姆·塔里克 国家：美国

项目描述：这幅插画是为 Bluefly.com 在时装周上的宣传活动创作的，灵感来自米兰三街头风格造型。
插画师：阿努姆·塔里克 国家：美国

Dunhill SS 2016 登喜路 2016 春夏系列

项目描述：五颜六色的水墨风格时尚插画，使用墨水、彩色铅笔、水粉绘制，数码工具加工。

插画师：大谷夏树 国家：日本

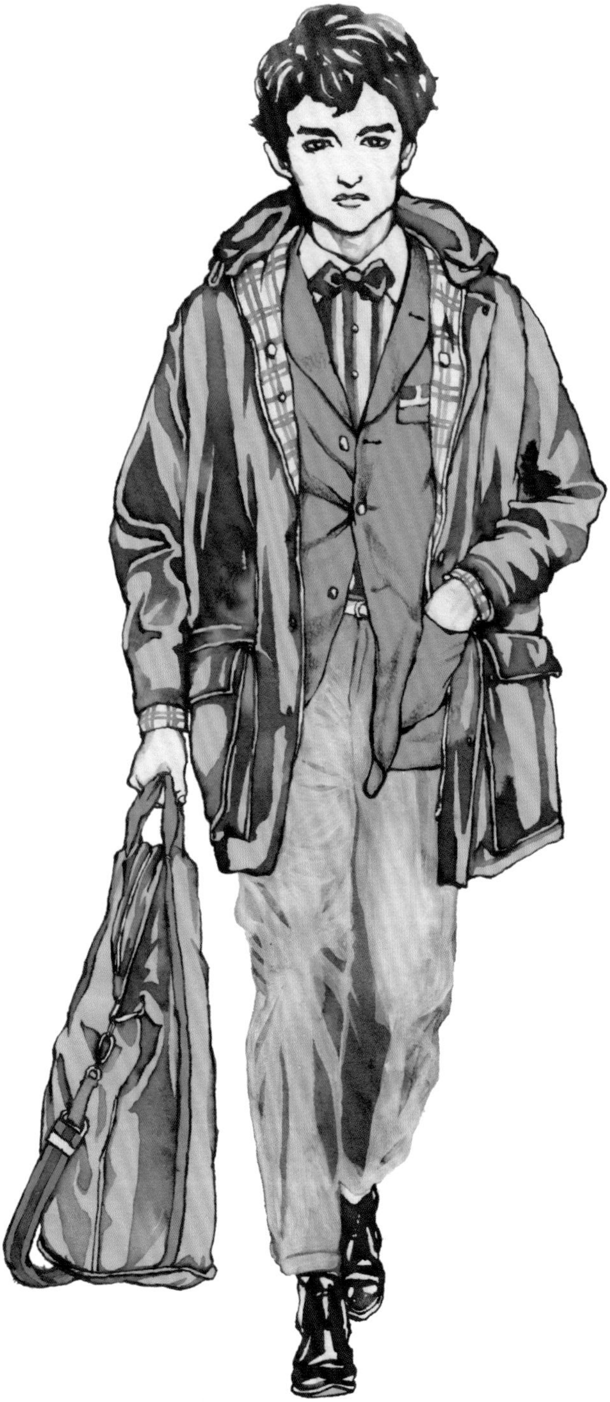

项目描述：五颜六色的水墨风格时尚插画，使用墨水、彩色铅笔、水粉绘制，数码工具加工。

插画师：大谷夏树 国家：日本

Katie Eary SS 2016 凯蒂·伊瑞 2016 春夏系列

Shorts 短裤

项目描述：使用铅笔、水彩、墨水和喷枪在纸上绘制。这幅插图是受《华尔街日报》委托而创作的。讲解如何穿搭短裤。

插画师：米娅·玛丽·奥弗高 国家：丹麦

项目描述：这幅插画的概念是展示俄罗斯年轻的中产阶级代表和他们休闲生活中的不同造型。

插画师：斯维特拉娜·伊可莎诺娃 国家：俄罗斯

项目描述：为 vogue.ru 网站绘制的编辑材料。瑞格布恩秀场后台速写，2015 纽约秋冬时装周成衣系列。

插画师：阿莲娜·拉辅多夫斯加亚 国家：俄罗斯

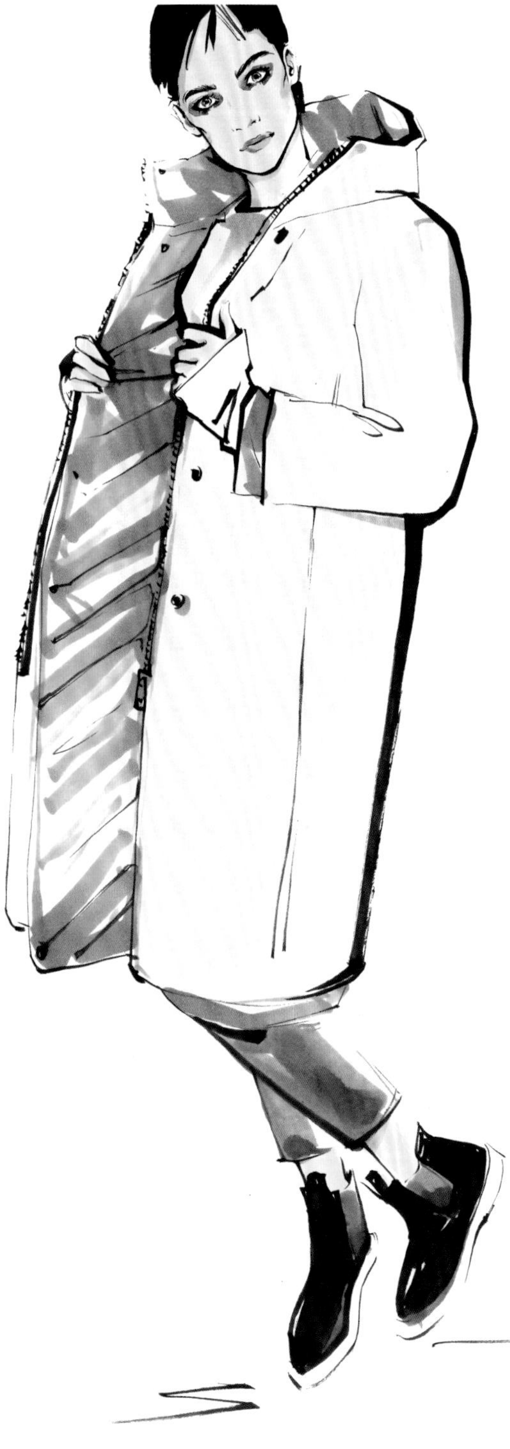

项目描述：这幅时尚插画的创作灵感来自安娜苏 2015 秋季成衣系列。

插画师：欧镁桦 国家：中国香港

Anna Sui Fall 2015 RTW 安娜苏 2015 秋季成衣系列

Peaks of London 伦敦峰

项目描述：为英国品牌"伦敦峰"创作的插画，灵感来自身穿该品牌漂亮连衣裙的凯特·米德尔顿。使用铅笔和水彩画在纸上绘制而成。

插画师：卡罗尔·维勒麦 国家：比利时

项目描述：根据乔治·阿玛尼 2013 春夏女装系列为阿玛尼 Facebook 页面创作的插画作品。使用铅笔和水彩在纸上绘制而成。
插画师：卡罗尔·维勒麦 国家：比利时

Armani 阿玛尼

2014 RTW Pelin's Girl 佩林 2014 成衣女郎

项目描述：手绘插画，使用水彩颜料、马克笔和铅笔绘制。

插画师：佩林・奥泽马斯 国家：土耳其

项目描述：手绘插画，使用干漆、马克笔和铅笔绘制。
插画师：佩林·奥泽马斯 国家：土耳其

2014 RTW Pelin's Illustration 佩林 2014 成衣系列

Christian Dior AW 2013 Collection 克里斯汀 • 迪奥 2013 秋冬系列

项目描述：克里斯汀 • 迪奥 2013 秋冬系列的时尚造型。插画是维罗妮卡 • 凯姆斯基为阿拉伯版《时尚芭莎》杂志合办的时尚插画展创作的。

插画师：维罗妮卡 • 凯姆斯基 客户：阿拉伯版《时尚芭莎》杂志 国家：俄罗斯

项目描述：托里·伯奇 2C16 春夏系列的时尚个性造型。插画是受 2016 年 3 月阿拉伯版《时尚芭莎》杂志委托而创作的。
插画师：维罗妮卡·凯姆斯基 客户：阿拉伯版《时尚芭莎》杂志 国家：俄罗斯

Tory Burch SS 2016 Collection 托里·伯奇 2016 春夏系列

Vika Smolyanitskaya FW 2016-2017 collection 维卡・斯莫连尼兹卡亚 2016 秋冬系列

项目描述：维卡・斯莫连尼兹卡亚 2016 秋冬系列的一个俏皮造型。这幅插画是维罗妮卡・凯姆斯基为俄罗斯第 32 季梅赛德斯奔驰时装周特别创作的。

插画师：维罗妮卡・凯姆斯基 客户：俄罗斯梅赛德斯奔驰时装周 国家：俄罗斯

项目描述：维罗妮卡・凯姆斯基为俄罗斯第 32 季梅赛德斯奔驰时装周特别创作的街头潮流造型插画。

插画师：维罗妮卡・凯姆斯基 客户：俄罗斯梅赛德斯奔驰时装周 国家：俄罗斯

Dries Van Noten 德赖斯·范诺顿

项目描述：身穿德赖斯·范诺顿 2014 春季时装的模特达安妮·康特拉透。使用彩色墨水和铅笔绘制。

插画师：卡洛琳·安德鲁 国家：法国

项目描述：身穿路易威登 2014 春季时装的模特克莱门泰·德拉德特。
插画师：卡洛琳·安德鲁 国家：法国

Louis Vuitton 路易威登

Saint Laurent RTW FW 2015 圣罗兰 2015 秋冬成衣系列

项目描述：为 vogue.ru 网站绘制的编辑材料。圣罗兰秀场谢幕速写，2015 巴黎秋冬时装周成衣系列。

插画师：阿莲娜·拉辅多夫斯加亚 国家：俄罗斯

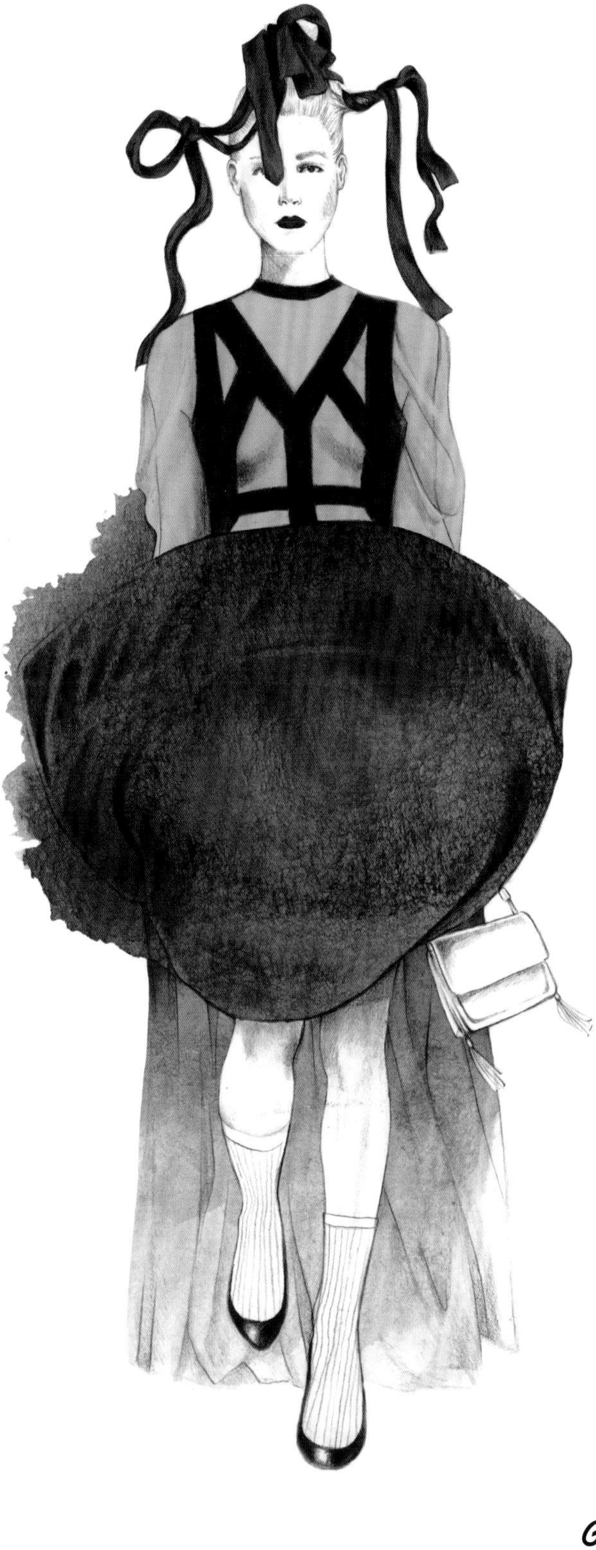

项目描述：为 Rouge Magazine 杂志的一篇讲述新叛逆派时尚趋势的文章创作的系列插画，灵感来自川久保玲的系列作品。使用铅笔和墨水在纸上绘制。

插画师：卡罗尔·维勒麦 国家：比利时

Comme des Garçons 川久保玲

Alexander Wang Fall 2015 RTW 王大仁 2015 秋季成衣系列

项目描述：这幅时尚插画的创作灵感来自王大仁 2015 秋季成衣系列，是 Toss Magazine #2 系列插画中的一幅。

插画师：欧镁桦 国家：中国香港

项目描述：这幅插画的设计灵感来自 2006 英国版《VOGUE 服饰与美容》杂志的时尚板块，身穿巴黎世家 2006 秋季成衣的女郎。

插画师：欧镁桦 国家：中国香港

Dries Van Noten 德赖斯·范诺顿

项目描述：身穿德赖斯·范诺顿 2012 秋季时装的模特玛格达·拉吉恩格。使用彩色铅笔绘制。

插画师：卡洛琳·安德鲁 国家：法国

项目描述：这幅时尚插画的创作灵感来自维果罗夫 2015 春季高级定制系列。

插画师：欧镁桦 国家：中国香港

Viktor & Rolf Spring 2015 维果罗夫 2015 春季系列

项目描述：插画灵感来自 10 月 15 日时装周上的古驰 2016 夏季系列。

插画师：玛戈特·范·胡伊克罗姆 国家：法国

项目描述：插画灵感来自 10 月 15 日时装周上的古驰 2016 夏季系列。
插画师：玛戈特·范·胡伊克罗姆 国家：法国

Gucci Summer 2016 古驰 2016 夏季系列

Gucci SS 2016 古驰 2016 春夏系列

项目描述：五颜六色的水墨风格时尚插画，使用墨水、彩色铅笔、水粉绘制，数码工具加工。

插画师：大谷夏树 国家：日本

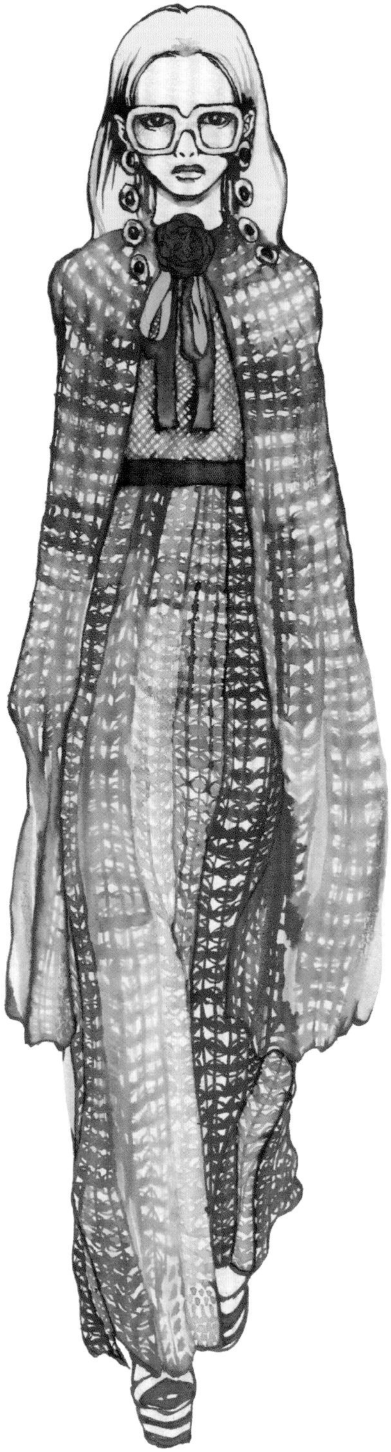

项目描述：这幅时尚插画的创作灵感来自普拉达 2015 春季成衣系列。
插画师：欧镁桦 国家：中国香港

Prada Spring 2015 RTW 普拉达 2015 春季成衣系列

Alexander Mcqueen 亚历山大·麦昆

项目描述：为《Rouge Magazine》杂志的一篇讲述新叛逆派时尚趋势的文章创作的系列插画，灵感来自亚历山大·麦昆的系列作品。使用铅笔和墨水在纸上绘制。

插画师：卡罗尔·维勒麦 国家：比利时

项目描述：身穿亚历山大·麦昆 2014 春季时装的模特娜斯提娅·史坦。使用彩色铅笔配合安格尔纸绘制。
插画师：卡洛琳·安德鲁 国家：法国

Alexander Mcqueen 亚历山大·麦昆

Jeremy Scott RTW FW 2015 杰瑞米·斯科特 2015 秋冬成衣系列

项目描述：杰瑞米·斯科特秀场后台速写，2015 纽约秋冬时装周成衣系列。为 vogue.ru 网站绘制的编辑材料。

插画师：阿莲娜·拉辅多夫斯加亚 国家：俄罗斯

项目描述：高田贤三秀场速写，2015 巴黎秋冬时装周成衣系列。为 vogue.ru 网站绘制的编辑材料。
插画师：阿莲娜・拉铺多夫斯加亚 国家：俄罗斯

Kenzo RTW FW 2015 高田贤三 2015 秋冬成衣系列

项目描述：这幅插画的灵感来自詹巴迪斯塔・瓦利 2015 春夏系列。
插画师：埃斯拉・罗伊斯 国家：挪威

项目描述：个人作品。使用水彩、墨水和铅笔在优质纤维纸上绘制而成。
插画师：艾丽西亚·马莱萨尼 国家：西班牙

Chanel Hat 香奈儿帽饰

项目描述：这幅插画是照片“眼镜蛇”的重新诠释。钢笔、铅笔、彩色铅笔、水彩和墨水，以纸张和数码为媒介。

插画师：米娜·K 国家：韩国

项目描述：这幅插画是照片“眼镜蛇”的重新诠释。画面着重表现女郎的发带和毛绒包包。
插画师：米娜·K 国家：韩国

Hair Ribbon 发带

Cute Rabbit Ears 可爱的兔耳朵

项目描述：这幅插画是照片“眼镜蛇”的重新诠释。可爱的兔耳朵饰品强调甜美的个性。

插画师：米娜·K 国家：韩国

项目描述：灵感来自品高的围巾和外套，使用彩色铅笔和水彩绘制而成。
插画师：卡兹那科娃·奥尔加 国家：俄罗斯

Pinko 品高

LV Earring 路易威登耳环

项目描述：为挪威奥斯陆的个展“ByOne”创作的个人作品，主题是时尚中的女性化。灵感来自路易威登 2014 秋冬系列。

插画师：埃斯拉·罗伊斯　国家：挪威

项目描述：日本版《VOGUE 服饰与美容》的春季珠宝潮流编辑材料，使用铅笔、墨水和数字工具绘制。
插画师：埃斯拉·罗伊斯 国家：挪威

Marni Earrings AW 2015 玛尼 2015 秋冬系列耳环

Gold Necklace 金项链

项目描述：这幅插画是对中国版《Numero》杂志中的塞克玛·耶斯特摄影作品的重新诠释。夸张的金项链是复古单品，蟹爪项链是永田萌的作品。

插画师：米娜·K 国家：韩国

项目描述：这幅插画是时装照片的重新诠释。夸张的金耳环。

插画师：米娜·K 国家：韩国

Gold Crush 金色迷情

项目描述：灵感来自杜嘉班纳品牌。个人作品，使用石墨、纹理和水彩绘制而成。

插画师：妮可·杰拉兹 国家：美国

项目描述：插画灵感来至杜嘉班纳 2016 冬季系列后台场景。
插画师：饭煮豪 国家：中国

D&G Backstage 杜嘉班纳后台

Tassel Earring 流苏耳环

项目描述：这幅插画是 2013 年西班牙版《时尚芭莎》杂志中达芬妮·葛洛妮维尔德照片的重新诠释。以纸张和数码为媒介，使用铅笔和水彩绘制。

插画师：米娜·K 国家：韩国

项目描述：灵感来自2014维多利亚的秘密时尚秀的同名造型，模特为坎迪斯·斯瓦内普尔。

插画师：克里斯蒂娜·阿隆索 国家：西班牙

项目描述：为希尔克雷斯特购物商场2015年春季宣传创作的插画，是使用Photoshop软件中的水彩效果从头绘制完成的。

插画师：马泰亚·科瓦克 国家：克罗地亚

Floral Shoes 花之鞋

项目描述：以花朵为灵感，使用水彩绘制的鞋子。

插画师：巴里基娜·阿纳斯塔西娅 国家：俄罗斯

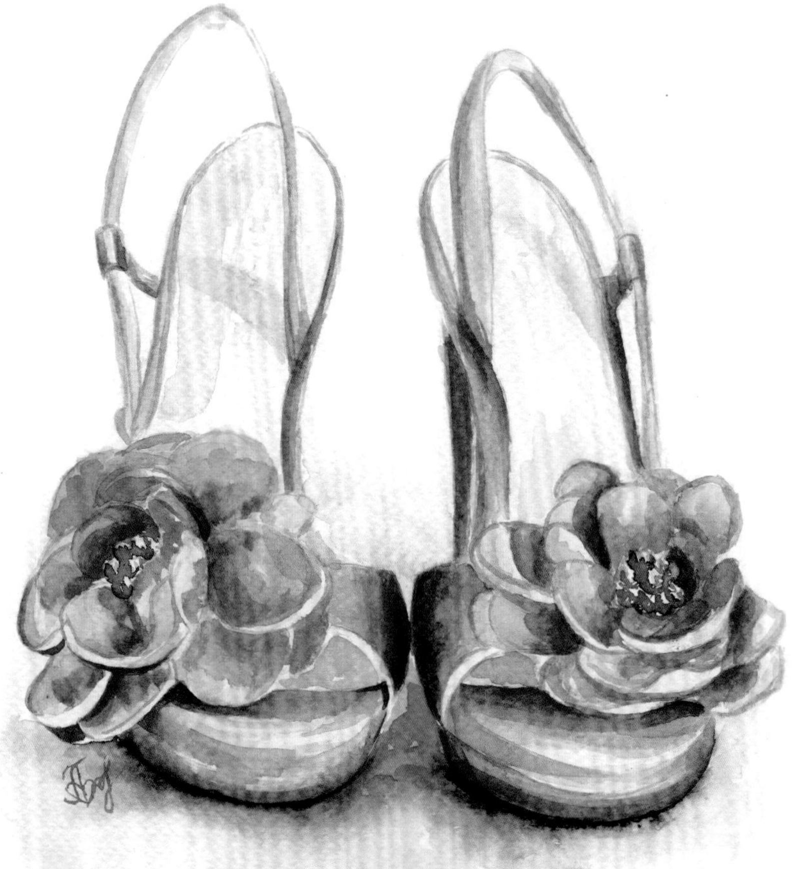

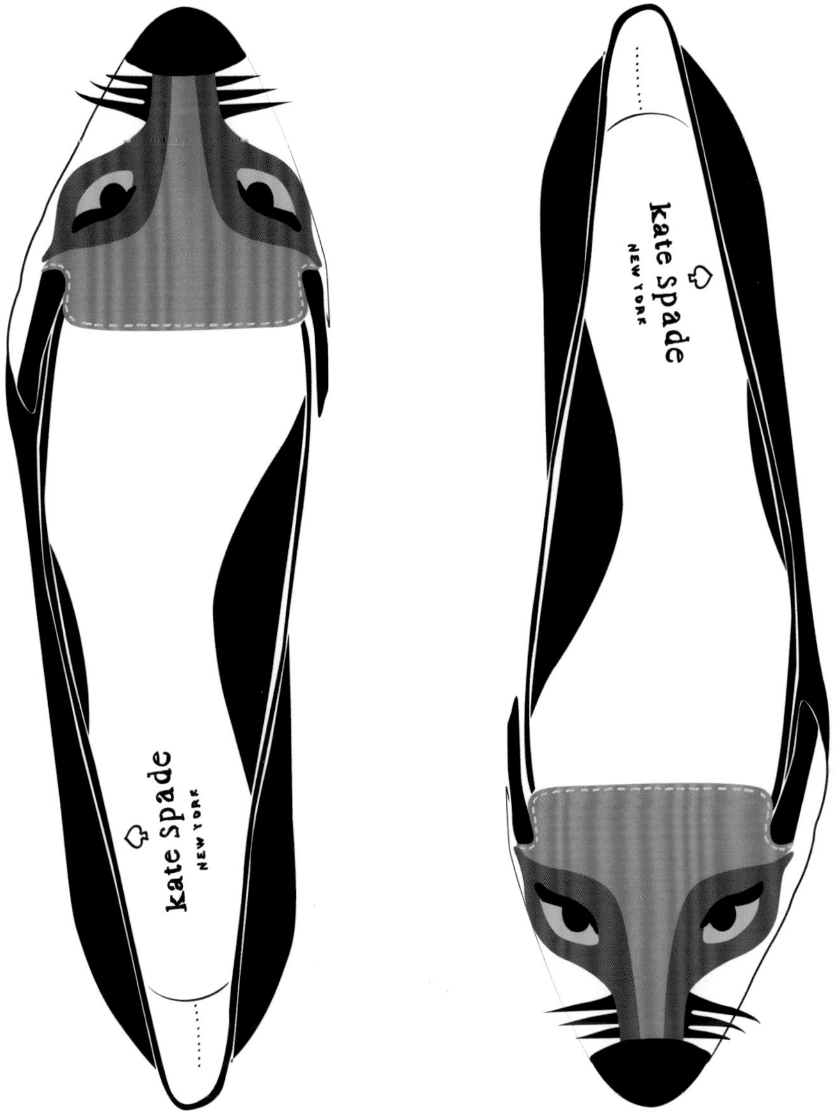

项目描述：这幅时尚插画的创作灵感来自美丽的凯特·丝蓓狐狸鞋。
插画师：葆拉·布兰奇 国家：智利

项目描述：个人作品，灵感来自巴黎世家品牌。使用石墨和水彩绘制而成。

插画师：妮可·杰拉兹 国家：美国

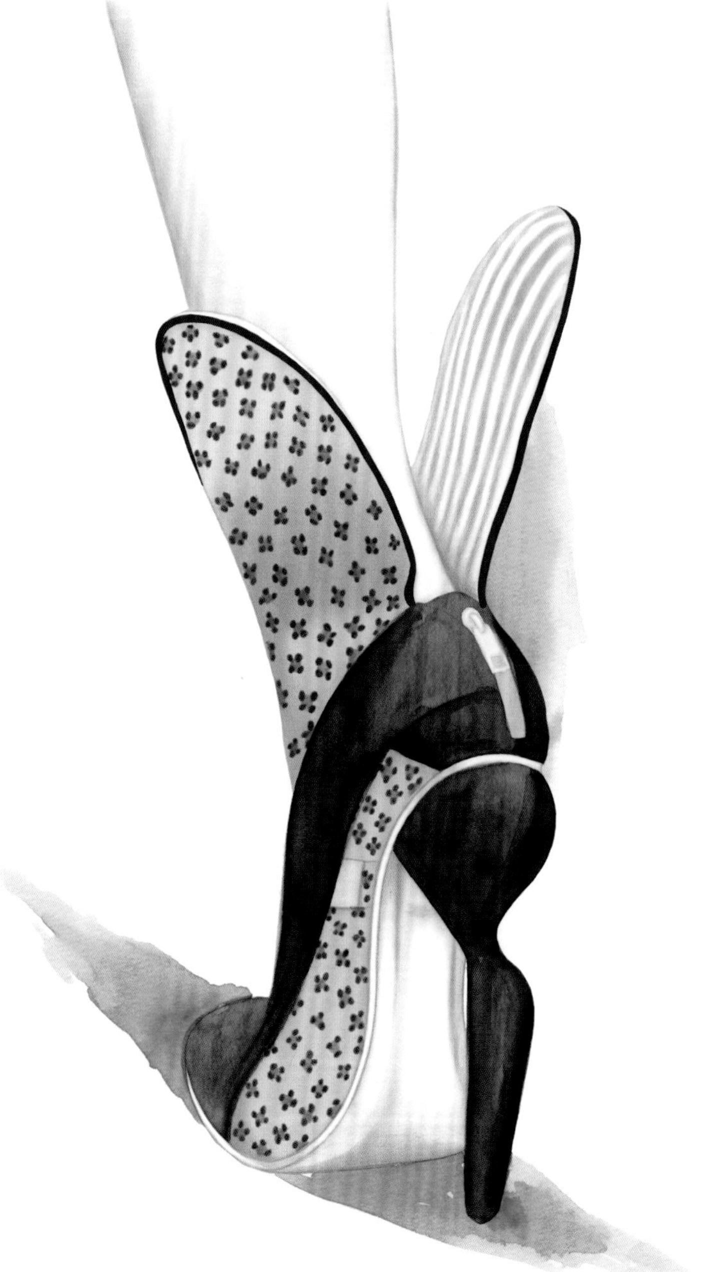

Marni Brougues 玛尼

项目描述：Pudder agency 的秋季时尚宣传材料，插画师捕捉的是她个人喜爱的秀场造型。灵感来自玛尼 2013 秋冬系列。

插画师：埃斯拉·罗伊斯 国家：挪威

Herve Leger SS 2013 荷芙·妮格 2013 春夏系列

项目描述：插画师在荷芙·妮格大秀开始前来到后台，捕捉美丽和时尚的造型，深度探究秀场的脉搏，寻找最喜欢的元素绘成插画。

插画师：萨曼莎·哈恩 客户：《纽约杂志》 国家：美国

项目描述：苏诺品牌在 2C16 纽约春夏时装周召开了首场发布会。
插画师：萨曼莎·哈恩 国家：美国

Suno SS 2016 苏诺 2016 春夏系列

Vivienne Westwood's Pirate Boots 薇薇恩·韦斯特伍德的海盗靴

项目描述：在这个审视薇薇恩·韦斯特伍德的海盗靴设计历史的个人项目中，插画师威拉创造了一系列秀场插画，呈现海盗靴在韦斯特伍德的职业生涯中的发展进化过程。

插画师：威拉·格比 国家：英国

Butterfly Gladiator Sandal 蝴蝶角斗士凉鞋

项目描述：索菲娅·韦伯斯特 2015 年创作的"雅典娜"蝴蝶角斗士凉鞋。使用水彩在卡片上绘制，数码修改。

插画师：斯蒂芬妮·黛拉波塔斯 国家：澳大利亚

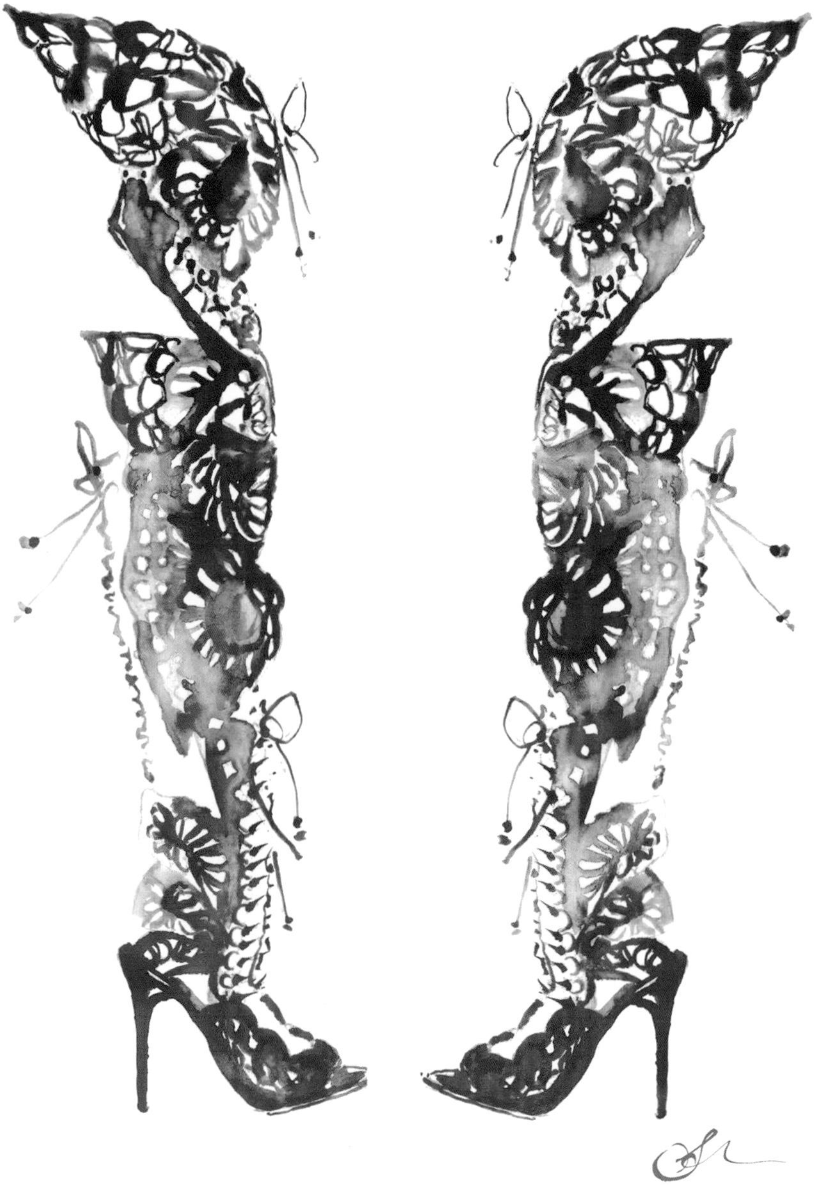

项目描述：克里斯提·鲁布托鞋履“统治”，采用激光切割技术的 2015 系列。使用水彩在卡片上绘制，数码修改。

插画师：斯蒂芬妮·黛拉波塔斯 国家：澳大利亚

Lasercut High Heels 激光切割高跟鞋

Watercolour Heels 水彩高跟鞋

项目描述：高跟鞋插画作品，使用铅笔，水彩，灵感来源于杜嘉班纳等品牌。
插画师：饭煮豪 国家：中国

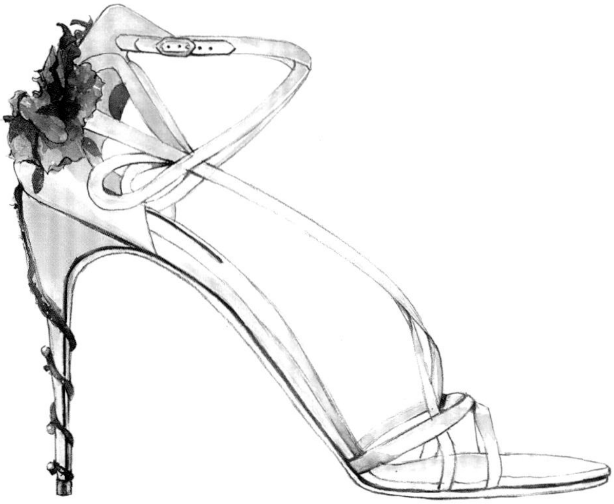

项目描述：灵感来源于布莱恩·阿特伍德黑色高跟鞋和 Aquazzura 高跟鞋，使用铅笔，水彩绘制。
插画师：饭煮豪 国家：中国

Blumarine Handbag 蓝色情人提包

项目描述：《时尚芭莎》杂志（西班牙版）。使用水彩、墨水和铅笔在优质纤维纸上绘制而成。
插画师：艾丽西亚·马莱萨尼 国家：西班牙

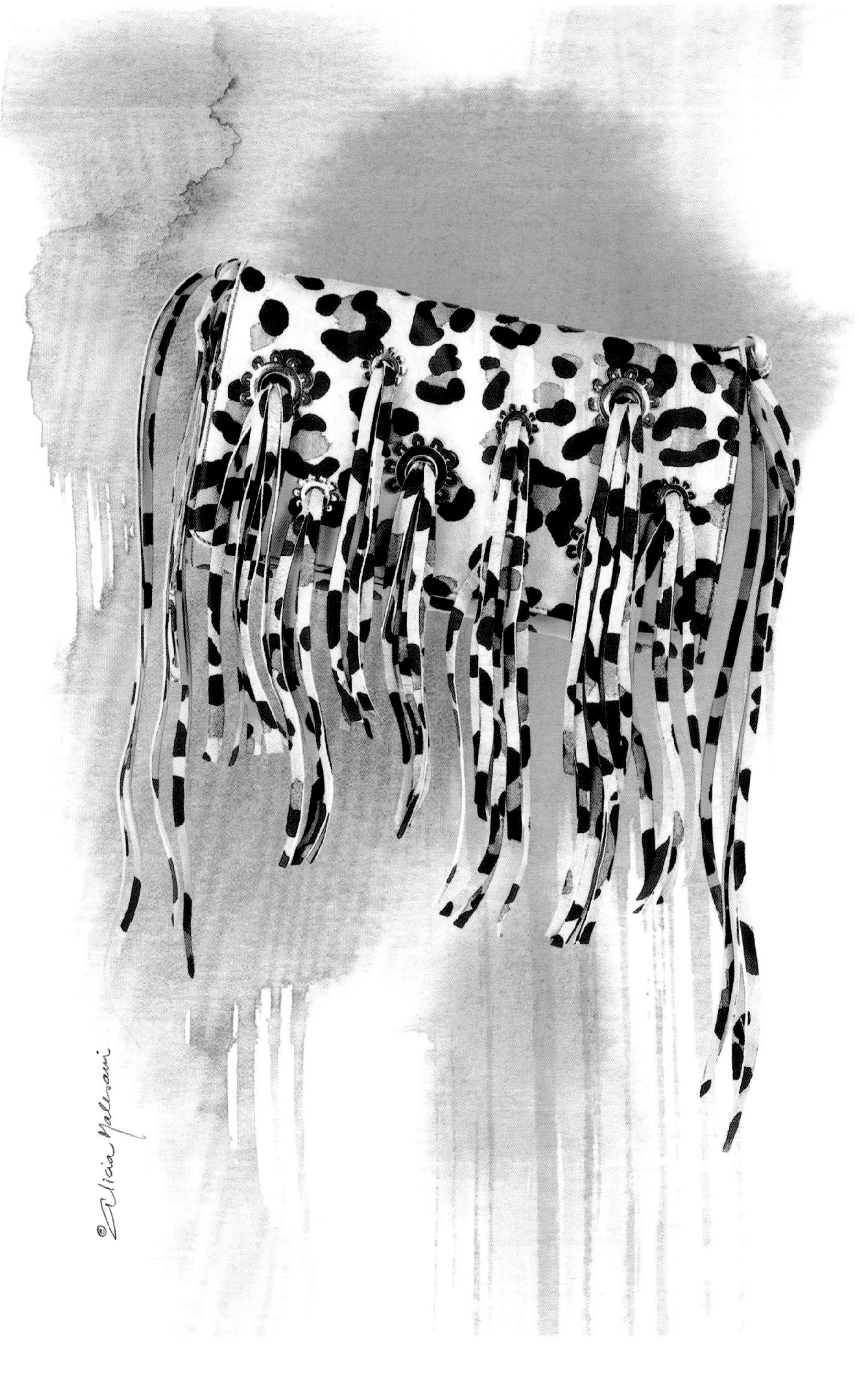

Miu Miu Clutch 缪缪手包

项目描述：《时尚芭莎》杂志（西班牙版）。使用水彩、墨水和铅笔在优质纤维纸上绘制而成。
插画师：艾丽西亚·马莱萨尼 国家：西班牙

Prada Clutch 普拉达手包

项目描述：《时尚芭莎》杂志（西班牙版）。使用水彩、墨水和铅笔在优质纤维纸上绘制而成。

插画师：艾丽西亚·马莱萨尼 国家：西班牙

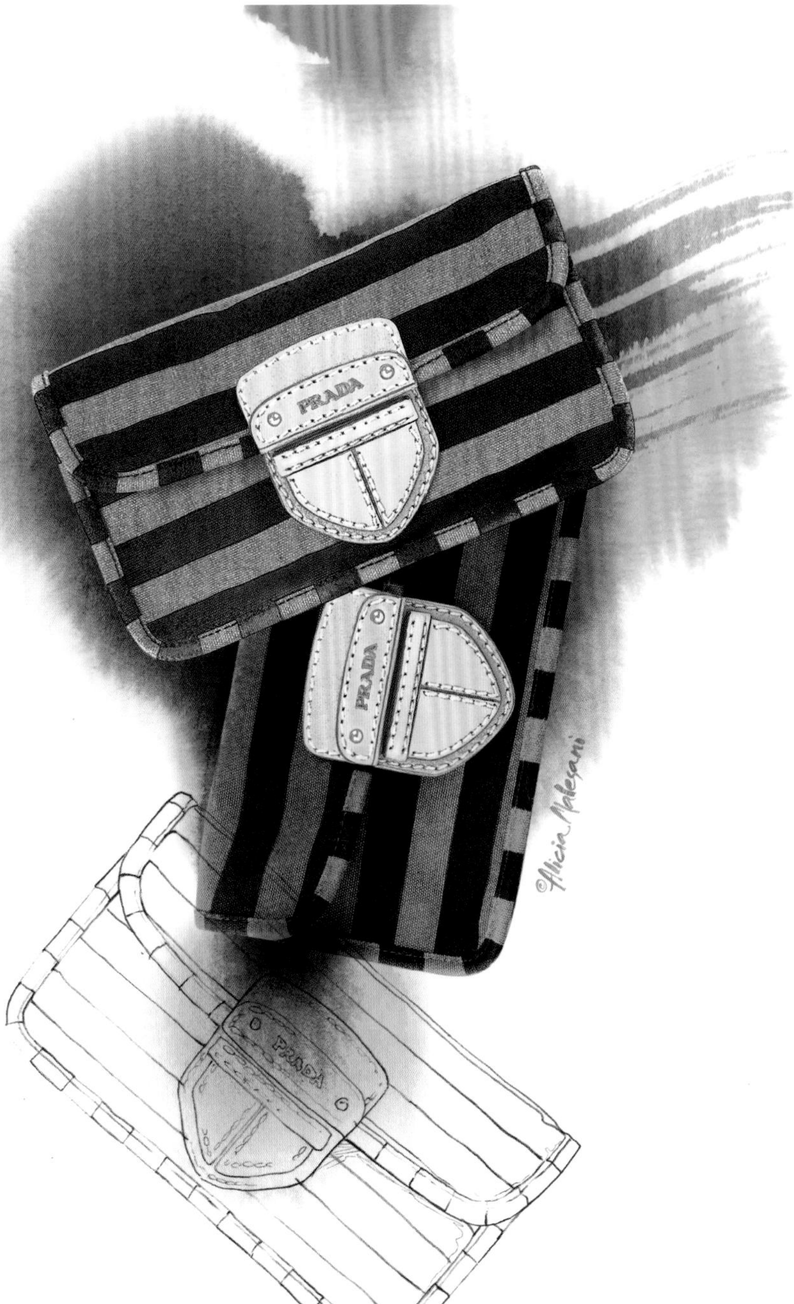

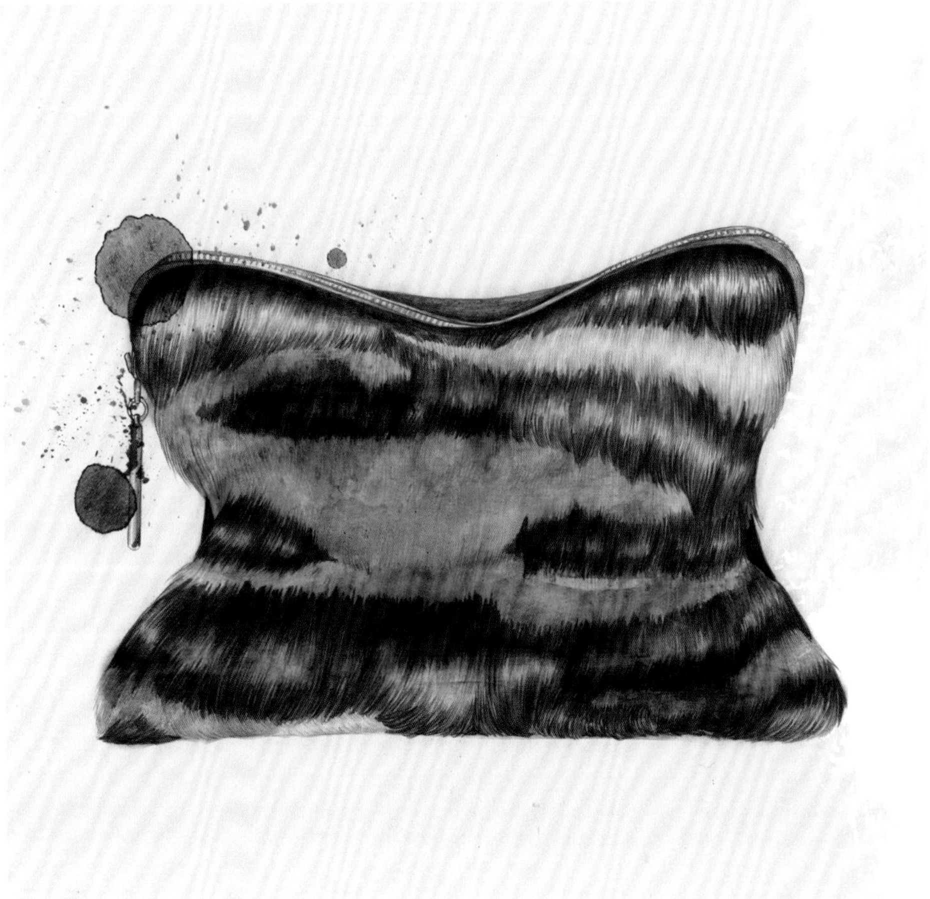

项目描述：Pudder agency 的秋季时尚宣传材料，插画师捕捉的是她个人喜爱的秀场造型。灵感来自林能平 2013 秋冬系列 3.1。

插画师：埃斯拉・罗伊斯 国家：挪威

Phillip Lim Furry 林能平毛绒包

项目描述：为希尔克雷斯特购物商场 2015 年春季宣传创作的插画，这幅时尚插画是使用 Photoshop 软件中的水彩效果绘制完成的。

插画师：马泰亚・科瓦克 国家：克罗地亚

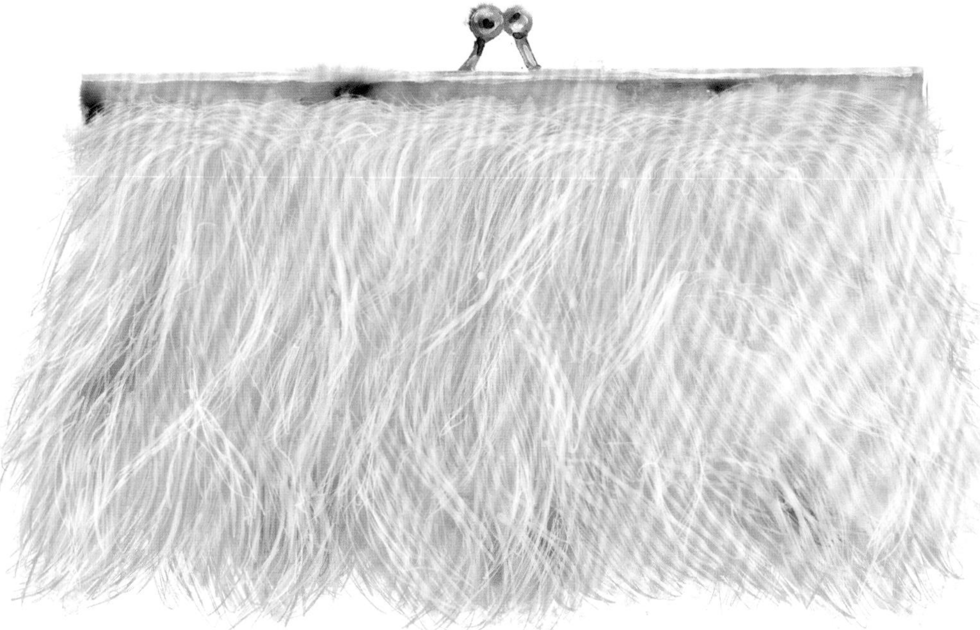

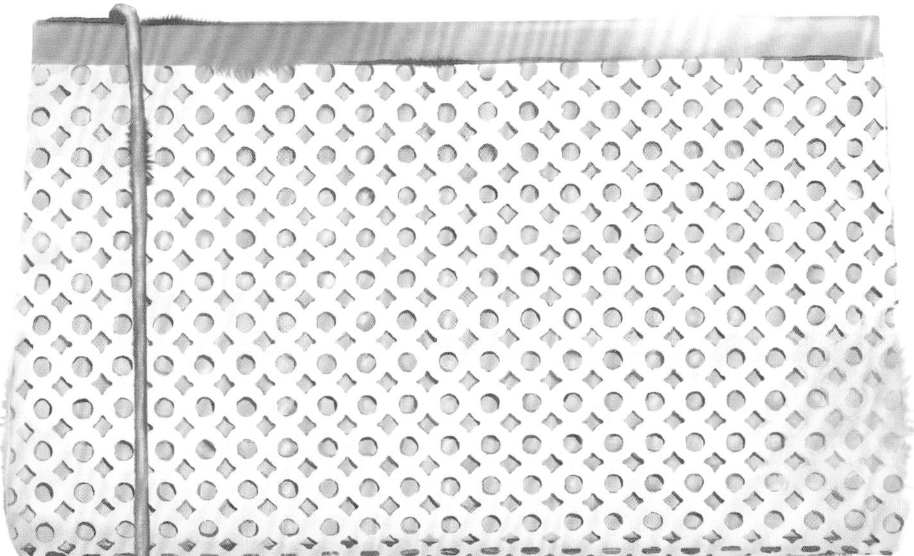

Dolce & Gabbana Jewel Bag 杜嘉班纳宝石包

项目描述：灵感来源于杜嘉班纳宝石包，使用铅笔、水彩绘制。

插画师：饭煮豪 国家：中国

项目描述：灵感来源于杜嘉班纳藤蔓包，铅笔、水彩绘制。
插画师：饭煮豪 国家：中国

Dolce & Gabbana Weave Bag 杜嘉班纳藤蔓包

INDEX 索引

N

Natalia Zamora

Natsuki Otani

Nicole Jarecz

Nina Mid

O

Olivia Au

P

Paula Blanche

Pelin Ozelmas

R

Rahel Guiragossian

Ricoho

S

Samantha Hahn

Sara Vera Lecaro

Stephanie Dellaportas

Svetlana Ikhsanova

T

Tania Santos

V

Veronica Kemsky

W

Will Bayum

Willa Gebbie